四川省示范性高职院校建设项目成果
校企合作共同编写，与企业对接，实用性强

综合布线实训

主　编　王宏旭　周瑾怡　何炳林

参　编　陈新华　张倩莉　张莉萍

　　　　杨雨锋　陈　伟　向文欣

西南交通大学出版社

·成　都·

图书在版编目（CIP）数据

综合布线实训/王宏旭，周瑾怡，何炳林主编. —成都：西南交通大学出版社，2014.9
四川省示范性高职院校建设项目成果
ISBN 978-7-5643-3332-4

Ⅰ. ①综… Ⅱ. ①王… ②周… ③何… Ⅲ. ①计算机网络－布线－高等职业教育－教材 Ⅳ. ①TP393.03

中国版本图书馆 CIP 数据核字（2014）第 196606 号

四川省示范性高职院校建设项目成果
综合布线实训
主编　王宏旭　周瑾怡　何炳林

责 任 编 辑	李芳芳
助 理 编 辑	张少华
封 面 设 计	朱迦设计工作室
出 版 发 行	西南交通大学出版社 （四川省成都市金牛区交大路 146 号）
发行部电话	028-87600564　028-87600533
邮 政 编 码	610031
网　　　址	http://www.xnjdcbs.com
印　　　刷	成都蓉军广告印务有限责任公司
成 品 尺 寸	185 mm × 260 mm
印　　　张	13
字　　　数	323 千字
版　　　次	2014 年 9 月第 1 版
印　　　次	2014 年 9 月第 1 次
书　　　号	ISBN 978-7-5643-3332-4
定　　　价	29.00 元

课件咨询电话：028-87600533
图书如有印装质量问题　本社负责退换
版权所有　盗版必究　举报电话：028-87600562

序

2014年6月23至24日,全国第七次职业教育工作会议在北京召开,中共中央总书记、国家主席、中央军委主席习近平就加快职业教育发展作出重要指示。他强调,职业教育是国民教育体系和人力资源开发的重要组成部分,是广大青年打开通往成功成才大门的重要途径,肩负着培养多样化人才、传承技术技能、促进就业创业的重要职责,必须高度重视、加快发展。

在国家大力发展职业教育、创新人才培养模式的新形势下,加强高职院校教材建设及课程资源建设,是深化教育教学改革和全面培养技术技能人才的前提和基础。

近年来,四川信息职业技术学院坚持走"根植信息产业、服务信息社会"的特色发展之路,始终致力于打造西部电子信息高端技术技能人才培养高地,立志为电子信息产业和区域经济社会发展培养技术技能人才。在省级示范性高等职业院校建设过程中,学院通过联合企业全程参与教材开发与课程建设,组织编写了涉及应用电子技术、软件技术、计算机网络技术、数控技术等四个示范建设专业的具有较强指导作用和较高现实价值的系列教材。

在编著过程中,编著者基于"理实一体"、"教学做一体化"的基本要求,秉承新颖性、实用性、开放性的基本原则,以校企联合为依托,基于工作过程系统化课程开发理念,精心选取教学内容、优化设计学习情境,最终形成了这套示范系列教材。本套教材充分体现了"企业全程参与教材开发、课程内容与职业标准对接、教学过程与生产过程对接"的基本特点,具体表现在:

一是编写队伍体现了"校企联合、专兼结合"。教材以适应技术技能人才培养为需求,联合四川军工集团零八一电子集团、联想集团、四川长征机床集团有限公司、宝鸡机床集团有限公司等知名企业全程参与教材开发,编写队伍既有企业一线技术工程师,又有学校的教授、副教授,专兼搭配。他们既熟悉国家职业教育形势和政策,又了解社会和行业需求;既懂得教育教学规律,又深谙学生心理。

二是内容选取体现了"对接标准,立足岗位"。教材编写以国家职业标准、行业标准为指南,有机融入了电子信息产业链上的生产制造类企业、系统集成企业、应用维护企业或单位的相关技术岗位的知识技能要求,使课程内容与国家职业标准和行业企业标准有机融合,学生通过学习和实践,能实现从学习者向从业者能力的递进。突出了课程内容与职业标准对接,使教材既可以作为学校教学使用,也可作为企业员工培训使用。

三是内容组织体现了"项目导向、任务驱动"。教材基于工作过程系统化理念开发,采用"项目导向、任务驱动"方式组织内容,以完成实际工作中的真实项目或教学迁移项目为目标,通过核心任务驱动教学。教学内容融基础理论、实验、实训于一体,注重培养学生安全意识、团队意识、创新意识和成本意识,做到了素质并重,能让学生在模拟真实的工作环境中学习和实践，突出了教学过程与生产过程对接。

四是配套资源体现了"丰富多样、自主学习"。本套教材建设有配套的精品资源共享课程（见 http://www.scitc.com.cn/），配置教学文档库、课件库、素材库、习题及试题库、技术资料库、工程案例库，形成了立体化、资源化、网络化的开放式学习平台。

尽管本套教材在探索创新中还存在有待进一步提升之处，但仍不失为一套针对高职电子信息类专业的好教材，值得推广使用。

此为序。

四川省高职高专院校
人才培养工作委员会主任

前　言

工业和信息化部《软件和信息技术服务业"十二五"发展规划》指出：信息通信技术的发展方向是"网络化"。网络将成为软件开发、部署、运行和服务的主流平台。本书针对网络工程搭建进行讲解，以典型网络工程案例为主线，通过对案例的讲解，系统介绍网络工程中所涉及的基本概念、主流技术和常用工具使用。

本书的特色：

（1）案例引导学习。本书在每一章开始部分都介绍了一个工程案例，通过对工程案例的研读，引导学生进行学习，明确学习目标。本书突破了以往教材将基本理论和技术实践分开传授的模式，从网络工程整体出发，选取适合学生学习的典型案例，系统介绍计算机网络系统综合布线的各个方面。

（2）岗位指明学习方向。本书每一章都有一个与之对应的企业岗位需求，学生在学习时可以了解该知识点在企业工作中是哪种职员的必备技能。学生可以边学习边明确以后的就业方向，树立就业目标，选择学习重点，做到学有所用。

（3）知识技能广泛。本书主要针对综合布线工程进行讲解，但在实际生活中要完成一个工程不但有弱电工程技术，还需要有强电系统支撑以及工程后期配置管理等方面的知识，因此在本书中专门分出章节介绍工程所需的强电基础知识及网络配置管理知识，为读者拓展知识结构，达到真正意义上的学完即可工作的要求。

本书由四川信息职业技术学院王宏旭、周瑾怡、陈新华、张倩莉、张莉萍、杨雨锋、陈伟、向文欣以及成都佳普科技有限公司何炳林共同编写。全书共9章，王宏旭负责教材整体规划，其中第1~3章主要讲授基础知识，第4~8章主要讲授施工技能，第9章讲解工程案例，第10章传授强电基础知识。本书第1章由张倩莉编写，第2章、第4章由周瑾怡编写，第3章由张莉萍编写，第5章由杨雨锋编写，第6章由王宏旭、向文欣编写，第7章、第8章由陈新华编写，第9章由陈伟编写，何炳林负责内容的修改及审核。全书工程案例主要由四川信息职业技术学院、西安开元电子实业有限公司、成都佳普科技有限公司提供。

本书由校企合作共同完成，在整个成书过程中得到了四川信息职业学院和西安开元电子实业有限公司的大力支持和帮助。本书筹划、编写阶段还得到了王公儒、赵克林、朱龙等几位教授的指导，在此一并表示由衷的感谢！

由于编者水平有限，书中难免存在疏漏之处，恳请广大同行、专家及读者批评指正。

企业岗位及本书主人公简介

当前在社会中有众多从事工程建设的企业,这些企业岗位设置大同小异,下面是成都**科技有限公司岗位设置情况及企业员工简介。

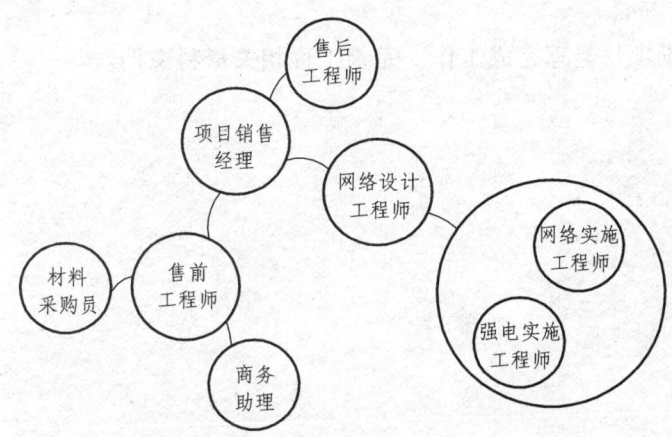

图 0.1 成都某科技有限公司中岗位设置情况

1. 小张
职业:项目销售经理
职责:支持销售人员,对公司产品熟悉,在工程中为售前工程师提供产品建议。
2. 小丽
职业:网络设计工程师(工程制图)
职责:按照客户需求,完成综合布线工程图纸的绘制。
3. 小王
职业:网络实施工程师
职责:按照设计要求完成网络搭建工作。
4. 小郭
职业:项目售后工程师
职责:负责设计质量和设计进度监控;负责施工监督与控制;审查竣工资料和对单位工程初验和竣工验收。
5. 小赵
职业:项目售前工程师
职责:与用户进行交流获取需求分析,根据用户的需求,分析设计综合布线方案,向用户讲解自己的设计方案以及产品演示等工作。
6. 老陈
职业:强电工程师

职责：按照设计要求负责机房强电引入和布线的工作。
7. 小周
职业：工程材料采购员
职责：按照售前工程师的设计要求采购合适的网络设备和传输介质及使用工具。
8. 小黄
职业：网络设计工程师（工程规划）
职责：按照工程实际设计满足用户需求的网络系统。
9. 小杨
职业：商务助理
职责：在工程中协助项目经理完成工作，完善工程相关资料文档。

目 录

第 1 章 布线基础常识篇 ... 1
- 问题 1：智能建筑 ... 3
- 问题 2：计算机网络系统 ... 5
- 问题 3：综合布线的必备知识 ... 9

第 2 章 综合布线介质学习篇 ... 15
- 问题 1：综合布线工程传输介质 ... 17
- 问题 2：综合布线工程施工工具 ... 23
- 问题 3：综合布线工程通信设备 ... 29

第 3 章 工程制图识图篇 ... 36
- 问题 1：弱电工程制图的必备知识 ... 38
- 问题 2：弱电工程制图的种类 ... 44
- 问题 3：弱电工程制图软件 ... 47

第 4 章 工程网络设计篇 ... 55
- 问题 1：工程网络结构 ... 57
- 问题 2：网络通信设备 ... 60

第 5 章 工程综合布线设计篇 ... 68
- 问题 1：工作区子系统设计及材料估算 ... 71
- 问题 2：信息点设计与安装方式 ... 73
- 问题 3：水平子系统设计 ... 75
- 问题 4：管理间设计 ... 79
- 问题 5：干线线缆与线缆容量选择 ... 82
- 问题 6：设备间设计 ... 86
- 问题 7：进线间设计 ... 88
- 问题 8：建筑群子系统设计 ... 89

第 6 章 布线技能学习篇 ... 91
- 问题 1：制作一根网线 ... 94
- 问题 2：信息模块 ... 99
- 问题 3：网络配线架应用方法 ... 104
- 问题 4：光纤端接 ... 107
- 问题 5：线（管）槽安装 ... 110

第7章 工程测试验收篇 114

- 问题1：网线测试方法 116
- 问题2：光纤测试的设备 120
- 问题3：综合布线系统验收测试和文档 124
- 附件1 综合布线结构图 127
- 附件2 机房与布线结构表 129
- 附件3 网络布线系统测试报告 131
- 附件4 网络布线系统验收报告 133
- 附件5 系统结构图（基本格式） 135
- 附件6 网络拓扑结构图（基本格式） 137
- 附件7 设备配置说明（基本格式） 139
- 附件8 产品到货验收报告（基本格式） 141
- 附件9 产品到货验收记录（基本格式） 143
- 附件10 产品到货清单（基本格式） 145
- 附件11 设备间验收（基本格式） 147
- 附件12 网络设置信息（基本格式） 149
- 附件13 网络路由、交换设备设置信息（基本格式） 151
- 附件14 单机测试验收表（基本格式） 153
- 附件15 网络设置信息（基本格式） 155
- 附件16 连通性测试验收表（基本格式） 157
- 附件17 VLAN功能验收表（基本格式） 159
- 附件18 网管测试验收表（基本格式） 161
- 附件19 网络重点端口的流量表（基本格式） 163
- 附件20 网络协议流量统计表（基本格式） 165
- 附件21 大用户流量统计表（基本格式） 167
- 附件22 ××××网络系统验收测试说明 169

第8章 工程布线方案规划篇 172

- 问题1：综合布线系统设计框架和内容 173
- 问题2：综合布线系统图纸设计 175
- 问题3：综合布线系统施工 178

第9章 强电工程篇 181

- 问题1：低压配电系统 183
- 问题2：合理选择导线及电工工具仪器 185
- 问题3：常用的低压开关电器 192

参考文献 197

第 1 章 布线基础常识篇

任务引导

网络综合布线是一门新发展起来的工程技术，是计算机技术、通信技术、控制技术与建筑技术紧密结合的产物。在当今的信息化时代，人们的生活已经越来越离不开计算机网络系统，它支持着政府机关、企事业单位、商住楼、写字楼等的现代化的办公及信息传输系统。掌握本章内容是成为一名项目销售经理的必备条件。万丈高楼平地起，请有志成为项目销售经理的同学们认真学习。

主人公简介

姓名：小张
性别：女
年龄：25
职业：项目销售经理
职责：与客户沟通，了解客户对工程的实际需求，跟进工程。
性格：活泼+可爱+良好的交际能力=朋友圈中的明星。
目标：希望能在职位上完成年销售亿万的目标。

本期工程

小张所在的**科技有限公司了解到最近一个小区打算进行一项弱电工程建设，公司老总对这个项目十分感兴趣，想承建该小区的综合布线工程，故委派小张与小区建设公司进行沟通，获取用户的实际需求，跟进该项目。

工程背景：**丹凤朝阳小区弱电工程
**丹凤朝阳小区工程背景：

小区位于成都市青白江区华逸路，总建筑面积 235 866.86 m²，由地下室及 1~11 号楼组成，其中 1~3 号楼：1~2 层为商业，3~11 层为住宅，属二类高层商住楼；4 号楼：1~2 层为商业，3~17 层为住宅，属一类高层商住楼；5~9 号楼：1~2 层为商业网点，3~32 层为住宅，属一类高层住宅楼；10~11 号楼：1 层架空且设有物管用房，2~18 层为住宅，属二类高层住宅楼。该社区由四川**房地产开发有限公司投资兴建，集住宅，商业广场为一体，以"生态、人居、城市"为打造理念开发的高档住宅。

**丹凤朝阳小区工程建设目标：

以智能化建筑标准为指导，充分利用现代信息科技，融合电子、计算机网络等技术为一体，实现**丹凤朝阳的信息化、自动化、现代化，为业主提供安全、舒适、健康、专业的居住环境。

**丹凤朝阳小区工程建设原则：

1．实用性

设备选型应选用高性价比设备，使资金的产出投入比达到最大值。能以较低的成本、较少的人员投入来维持系统运转，实现高效能与高效益。尽可能保留并延长已有系统的投资，充分利用以往在资金与技术方面的投入。

2．先进性

采用先进成熟的技术和设备，满足当前的需求，兼顾未来的业务需求。系统尽可能采用最先进的技术、设备和材料，以满足当前需要，同时整个系统在一段时期内保持技术的先进性，具有良好的升级扩展能力，以适应未来信息产业业务的发展和技术升级的需要。

3．可靠性

为保证各项业务应用，系统必须具有高可靠性，避免出现单点故障。

4．标准化

基于国际标准和国家颁布的有关标准，包括各种建筑、机房设计标准，电力电气保障标准以及计算机局域网、广域网标准，坚持统一规范的原则，从而为未来的业务发展，设备增容奠定基础。

5．模块化

各种系统的设计和配置，应选用模块架构，为将来系统扩容或扩展提供良好基础。

**丹凤朝阳小区工程建设内容：

根据**丹凤朝阳开发商的要求，结合投资情况，本着实用、先进、可靠、经济、安全、可发展性的设计原则，对小区内可视对讲系统、视频监控及周界防范系统、背景音乐系统、停车场管理系统、人行通道管理系统进行初步规划和设计。

 **任务分析**

小张的具体任务是与用户沟通，了解用户的实际需求，并将获取到的信息反馈给项目组。与客户初次见面，小张必须要给用户留下好的印象，以便后续的项目的跟进。为与用户进行针对性的沟通，小张需要具备的基础知识应包括以下几个方面。

（1）什么是智能建筑？

（2）计算机网络系统包含哪些内容？

（3）在与用户沟通时需具备哪些综合布线知识？

问题1：智能建筑

百科知识

智能建筑是指通过将建筑物的结构、系统、服务和管理根据用户的需求进行最优化组合，从而为用户提供一个高效、舒适、便利的人性化建筑环境。智能建筑是集现代科学技术之大成的产物，其技术基础主要由现代建筑技术、现代电脑技术、现代通讯技术和现代控制技术所组成。

修订版的国家标准《智能建筑设计标准》（GB/T 50314—2006）对智能建筑定义为"以建筑物为平台，兼备信息设施系统、信息化应用系统、建筑设备管理系统、公共安全系统等，集结构、系统、服务、管理及其优化组合为一体，向人们提供安全、高效、便捷、节能、环保、健康的建筑环境"。

建筑智能化工程又称弱电系统工程，主要指通信自动化（CA），楼宇自动化（BA），办公自动化（OA），消防自动化（FA）和保安自动化（SA），简称5A。其中包括的系统有：计算机管理系统工程，楼宇设备自控系统工程，通信系统工程，保安监控及防盗报警系统工程，卫星及共用电视系统工程，车库管理系统工程，综合布线系统工程，计算机网络系统工程，广播系统工程，会议系统工程，视频点播系统工程，智能化小区物业管理系统工程，可视会议系统工程，大屏幕显示系统工程，智能灯光、音响控制系统工程，火灾报警系统工程，计算机机房工程，一卡通系统工程等。

图1.1所示为一个多业态商用住宅智能化系统模块图。

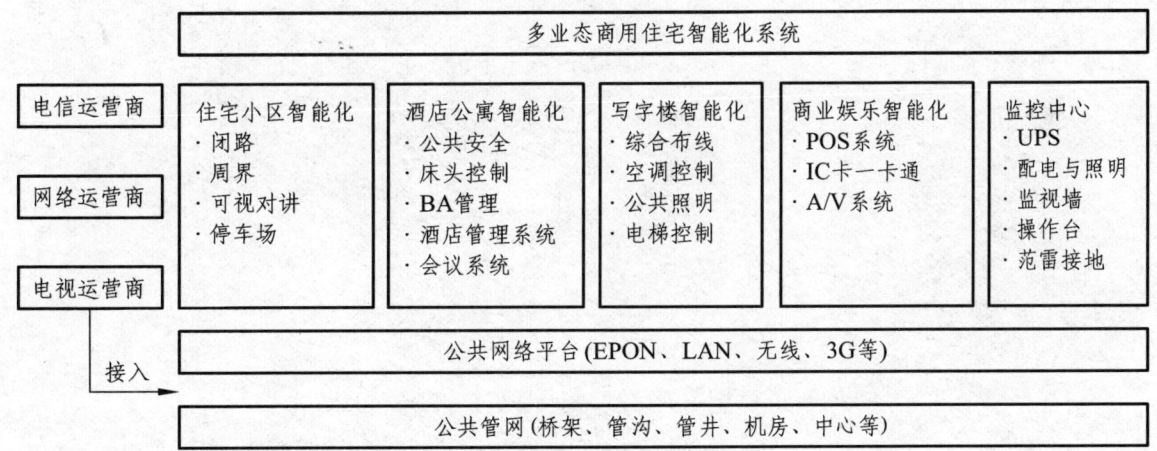

图1.1 商用住宅智能化系统模块图

影响智能建筑今后发展的因素较多，但值得特别关注的是，在接下来的发展之路上，智能建筑必须融入智慧城市建设，这也可认为是智能建筑的"梦"。

随着新一代信息技术急剧发展的推动和国家新四化的演变，特别是在新型城镇化目标的指导下，为了破解城镇化带来的各种"城市病"，智慧城市建设时不可待。而智能建筑作为智慧城市的重要组成元素,随着国家智慧城市建设广度和深度展开,智能建筑必须融入智慧城市建设,这是智能建筑今后发展的大方向。

与此同时,智能建筑融入智慧城市应从智能建筑体系架构确定、设计理念更新、标准与规范完善、B/S访问模式确立、集成融合平台建设、云计算服务平台建设以及嵌入式控制器系统架构等方面来考虑。

职场小贴士:
信息的传递=7%语言+38%声音+55%表情。——美国心理学家艾伯特·梅拉比安

问题 2：计算机网络系统

计算机网络是指将地理位置不同的具有独立功能的多台计算机及其外部设备，通过通信线路连接起来，在网络操作系统、网络管理软件及网络通信协议的管理和协调下，实现资源共享和信息传递的计算机系统。

百科知识

1）计算机网络的发展

计算机网络是 20 世纪 60 年代起源于美国，原本用于军事通信，后逐渐进入民用，经过短短 40 多年不断地发展和完善，现已广泛应用于各个领域，并正以高速向前迈进。20 年前，在我国很少有人接触过网络。现在，计算机通信网络以及 Internet 已成为我们社会结构的一个基本组成部分。网络被应用于工商业的各个方面，包括电子银行、电子商务、现代化的企业管理、信息服务业等都以计算机网络系统为基础。从学校远程教育到政府日常办公乃至现在的电子社区，很多方面都离不开网络技术。毫不夸张地说，网络在当今世界无处不在。

随着计算机网络技术的蓬勃发展，计算机网络的发展大致可划分为 4 个阶段。

（1）第一阶段：诞生阶段

20 世纪 60 年代中期之前的第一代计算机网络是以单个计算机为中心的远程联机系统。典型应用是由一台计算机和全美范围内 2 000 多个终端组成的飞机订票系统。终端是一台计算机的外部设备，包括显示器和键盘，无 CPU 和内存。随着远程终端的增多，在主机前增加了前端机（FEP）。当时，人们把计算机网络定义为"以传输信息为目的而连接起来，实现远程信息处理或进一步达到资源共享的系统"。这样的通信系统已具备了网络的雏形。

（2）第二阶段：形成阶段

20 世纪 60 年代中期至 70 年代的第二代计算机网络是以多个主机通过通信线路互联起来，为用户提供服务的网络系统。兴起于 60 年代后期，典型代表是美国国防部高级研究计划局协助开发的 ARPANET。该网络系统中主机之间不是直接用线路相连，而是由接口报文处理机（IMP）转接后互联。IMP 和它们之间互联的通信线路一起负责主机间的通信任务，构成了通信子网。通信子网互联的主机负责运行程序，提供资源共享，组成了资源子网。这个时期，网络概念为"以能够相互共享资源为目的互联起来的具有独立功能的计算机之集合体"，形成了计算机网络的基本概念。

（3）第三阶段：互联互通阶段

20 世纪 70 年代末至 90 年代的第三代计算机网络是具有统一的网络体系结构并遵循国际标准的开放式和标准化的网络。ARPANET 兴起后，计算机网络发展迅猛，各大计算机公司相继推出自己的网络体系结构及实现这些结构的软硬件产品。由于没有统一的标准，不同厂商的产品之间互联很困难，人们迫切需要一种开放性的标准化实用网络环境。这样应运而生了两种国际通用的最重要的体系结构，即 TCP/IP 体系结构和国际标准化组织的 OSI 体系结构。

（4）第四阶段：高速网络技术阶段

20 世纪 90 年代末至今的第四代计算机网络，由于局域网技术发展成熟，出现光纤及高速网络技术，多媒体网络，智能网络，整个网络就像一个对用户透明的大的计算机系统，发展为以 Internet 为代表的互联网。

2）计算机网络的分类

计算机网络的分类方式很多，按地理范围分类可分为以下三种。

（1）局域网 LAN（Local Area Network）

地理范围一般几百米到 10km 之内，属于小范围内的联网，如一栋建筑物内、一个学校内、一个工厂的厂区内等。局域网的组建简单、灵活，使用方便。

（2）城域网 MAN（Metropolitan Area Network）

城域网地理范围可从几十千米到上百千米，可覆盖一个城市或地区，是一种中等形式的网络。

（3）广域网 WAN（Wide Area Network）

广域网地理范围一般在几千千米左右，属于大范围联网，如几个城市、一个或几个国家。广域网是网络系统中的最大型的网络，能实现大范围的资源共享，如 Internet 网络。

3）网络拓扑结构

网络中各个站点相互连接的方法和形式被称为网络拓扑。把主机、网络设备等网络单元抽象成为"点"，把网络中的电缆等通信媒体抽象为"线"，从而抽象出了网络系统的具体结构，即为逻辑结构。常见的网络拓扑结构如下：

（1）总线拓扑

总线拓扑结构采用单根传输线作为传输介质，所有的站点都通过相应的硬件接口直接连到传输介质上，如图 1.2 所示。任何一个站发送的信号都可以沿着介质传播，而且能被所有其他站点接收。

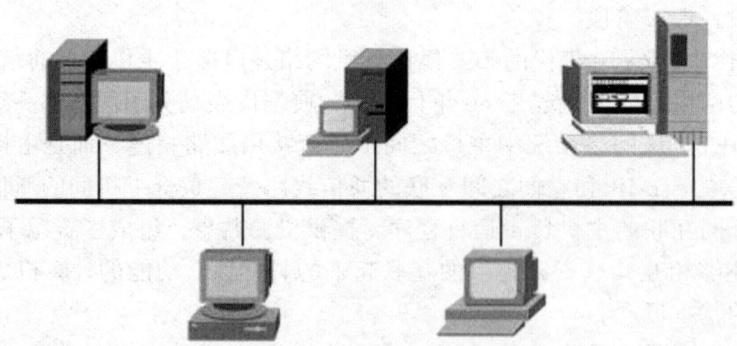

图 1.2　总线型拓扑结构

优点：总线结构所需要的电缆数量少；总线结构简单，又是无源工作，有较高的可靠性；易于扩充，增加或减少用户比较方便。

缺点：总线的传输距离有限，通信范围受到限制；故障诊断和隔离较困难；分布式协议不能保证信息的及时传送，不具有实时功能。

（2）星形拓扑

星形拓扑是由各站点通过点到点链路连接到中央节点上而形成的网络结构，各站点之间的通信都要通过中央节点来完成,如图1.3所示。中央节点执行集中式通信控制策略,因而其结构相当复杂,而各个站点的通信处理负担都很轻。

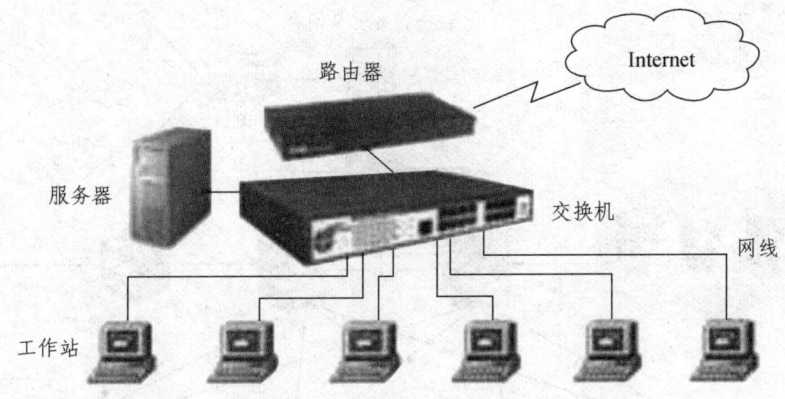

图1.3　星形拓扑结构

优点:控制简单;故障诊断和隔离容易;方便服务。
缺点:中央节点的负担较重,形成瓶颈;各站点的分布处理能力较低。
(3) 环形拓扑
环形拓扑网络由站点和连接站的链路组成一个闭合环,如图1.4所示。

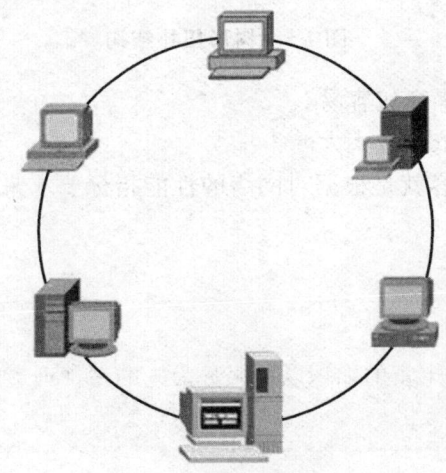

图1.4　环形拓扑结构

优点:电缆长度短;增加或减少工作站时,仅需简单的连接操作;可使用光纤;数据传输无冲突。
缺点:节点的故障会引起全网故障;故障检测困难;环形拓扑结构的媒体访问控制协议都采用令牌传递的方式,在负载很轻时,信道利用率相对来说就比较低。
(4) 树形拓扑
树形拓扑是从总线拓扑演变过来的,形状像一棵倒置的树,如图1.5所示。这种拓扑和带几个段的总线拓扑的主要区别在于根节点的存在。当站点发送时,根节点接收该信号,然后再重新广播发送到全树的各个节点。

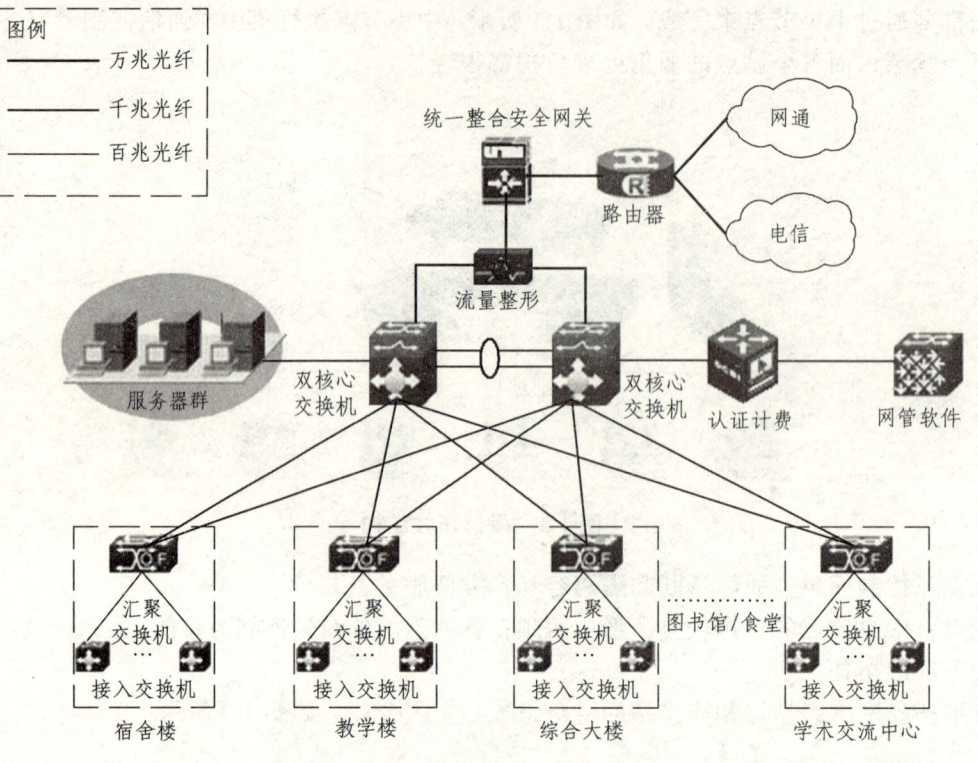

图 1.5 树形拓扑结构

优点：易于扩展，故障隔离较容易。

缺点：各个节点对根的依赖性太大。

网络工程设计的主要内容就是根据对网络的性能指标要求来选择网络的拓扑结构、传输介质、网卡以及网络软件。

职场小贴士：

坚韧的性格、丰富的知识以及服务为先的精神理念是一名成功销售人员必备的三个基本素质。

问题3：综合布线的必备知识

百科知识

1）综合布线系统介绍

综合布线的发展与建筑物自动化系统密切相关。对于传统布线，一栋建筑物内的电话网络、计算机局域网都是各自独立的。各系统分别由不同的单位或者人员设计和安装，布线过程中采用不同的线缆和不同的终端插座，连接这些不同布线的插头、插座及配线架均无法互相兼容。当办公布局及环境改变的时候，需要调整办公设备或需要更换设备时，就必须更换布线。其改造不仅增加投资和影响日常工作，也影响建筑物整体环境。

随着全球社会信息化与经济国际化的深入发展，人们对信息共享的需求日趋迫切，就需要一个适合信息时代的布线方案。美国电话电报（AT&T）公司的贝尔（Bell）实验室的专家们经过多年的研究，在办公楼和工厂试验成功的基础上，于20世纪80年代末期率先推出SYSTIMATMPDS（建筑与建筑群综合布线系统），现时已推出结构化布线系统 SCS。经中华人民共和国国家标准 GB/T 50311—2000 命名为综合布线 GCS（GenericCablingSystem）。综合布线是一种预布线，能够适应较长一段时间的需求。

综合布线系统（Premises Distributed System，PDS）是一种集成化通用传输系统，在楼宇和园区范围内，利用双绞线或光缆等介质来传输信息，可以连接电话、计算机、会议电视和监视电视等设备的结构化信息传输系统。PDS 使用标准的双绞线和光纤，支持高速率的数据传输，采用物理分层星形拓扑结构，积木式，模块化设计，遵循统一标准，实现系统的集中管理，使个别信息点的故障、改动或增删不影响其他的信息点，使得安装、维护、升级和扩展都非常方便，同时节省了费用。

综合布线是一种模块化的、灵活性极高的建筑物内或建筑群之间的信息传输通道。它既能使语音、数据、图像设备和交换设备与其他信息管理系统彼此相连，也能使这些设备与外部相连接。它还包括建筑物外部网络或电信线路的连接点与应用系统设备之间的所有线缆及相关的连接部件。综合布线由不同系列和规格的部件组成，其中包括传输介质、相关连接硬件（如配线架、连接器、插座、插头、适配器）以及电气保护设备等。这些部件可用来构建各种子系统，它们都有各自的具体用途，不仅易于实施，而且能随需求的变化而平稳升级。

2）综合布线系统特点

同传统的布线相比较，综合布线有着许多优越性，主要表现在它具有兼容性、开放性、灵活性、可靠性、先进性和经济性。同时在设计、施工和维护方面也给人们带来了许多方便。

（1）兼容性

所谓兼容性是指它自身是完全独立的而与应用系统相对无关，可以适用于多种应用系统。相对于传统布线，综合布线将语音、数据与监控设备的信号线经过统一的规划和设计，采用相同的传输媒体、信息插座、交连设备、适配器等，把这些不同信号综合到一套标准的布线中。由此可见，这种布线比传统布线大为简化，可节约大量的物资、时间和空间。

在使用时，用户可不用定义某个工作区的信息插座的具体应用，只把某种终端设备（如个人计算机、电话、视频设备等）插入这个信息插座，然后在管理间和设备间的交接设备上做相应的接线操作，这个终端设备就被接入到各自的系统中了。

（2）开放性

综合布线采用开放式体系结构，符合多种国际上现行的标准，因此它几乎对所有著名厂商的产品都是开放的，如计算机设备、交换机设备等；并对所有通信协议也是支持的，如 ISO/IEC8802-3，ISO/IEC8802-5 等。

（3）灵活性

综合布线采用标准的传输线缆和相关连接硬件，模块化设计。因此所有通道都是通用的。每条通道可支持终端、以太网工作站及令牌环网工作站。所有设备的开通及更改均不需要改变布线，只需增减相应的应用设备以及在配线架上进行必要的跳线管理即可。另外，组网也可灵活多样，甚至在同一房间可有多用户终端，以太网工作站、令牌环网工作站并存，为用户组织信息流提供了必要条件。

（4）可靠性

综合布线采用高品质的材料和组合压接的方式构成一套高标准的信息传输通道。所有线槽和相关连接件均通过 ISO 认证，每条通道都要采用专用仪器测试链路阻抗及衰减率，以保证其电气性能。应用系统布线全部采用点到点端接，任何一条链路故障均不影响其他链路的运行，这就为链路的运行维护及故障检修提供了方便，从而保障了应用系统的可靠运行。各应用系统往往采用相同的传输媒体，因而可互为备用，提高了备用冗余。

（5）先进性

综合布线，采用光纤与双绞线混合布线方式，极为合理地构成一套完整的布线。所有布线均采用世界上最新通信标准，链路均按八芯双绞线配置。5 类双绞线带宽可达 100 MHz，6 类双绞线带宽可达 200MHz。对于特殊用户的需求可把光纤引到桌面（Fibertothedesk）。语音干线部分用钢缆，数据部分用光缆，为同时传输多路实时多媒体信息提供足够的带宽容量。

（6）经济性

综合布线比传统布线具有经济性优点，主要综合布线可适应相当长时间需求，传统布线改造很费时间，耽误工作造成的损失更是无法用金钱计算。

3）综合布线系统组成

从综合布线系统的组成来看，国际上有许多不同的标准。美国标准把综合布线系统划分为建筑群子系统、干线（垂直）子系统、配线（水平）子系统、设备间子系统、管理子系统和工作区子系统 6 个独立的子系统。国际标准则将其划分为建筑群布线子系统、建筑物主干布线子系统和水平布线子系统 3 部分，并规定工作区布线为非永久性部分，工程设计和施工也不涉足，为用户使用时临时连接的部分。我国 GB 50311—2007《综合布线系统工程设计规范》国家标准规定，在综合布线系统工程设计中，宜按照下列 7 个部分进行：工作区、配线子系统、干线子系统、建筑群子系统、设备间、进线间、管理。综合各国标准，本书将综合布线系统（见图 1.6）按以下 7 个部分介绍：工作区、配线（水平）子系统、电信间、干线子系统、建筑群子系统、设备间、进线间。

（1）工作区

一个独立的需要设置终端设备（TE）的区域宜划分为一个工作区。工作区应由配线子系统的信息插座模块（TO）延伸到终端设备处的连接缆线及适配器组成。

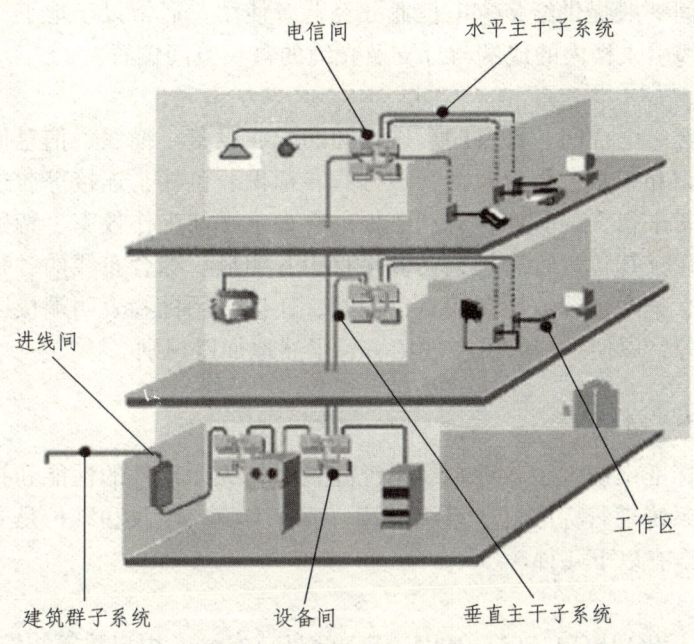

图 1.6 综合布线系统示意图

（2）配线子系统

配线子系统应由工作区的信息插座模块、信息插座模块至电信间配线设备（FD）的配线电缆和光缆、电信间的配线设备及设备缆线和跳线等组成。

（3）电信间

放置电信设备、电缆和光缆终端配线设备并进行缆线交接的专用空间。电信间主要为楼层安装配线设备（为机柜、机架、机箱等安装方式）和楼层计算机网络设备（HUB 或 SW）的场地，并可考虑在该场地设置缆线竖井、等电位接地体、电源插座、UPS 配电箱等设施。在场地面积满足的情况下，也可设置建筑物诸如安防、消防、建筑设备监控系统、无线信号覆盖等系统的布缆线槽和功能模块的安装。如果综合布线系统与弱电系统设备合设于同一场地，从建筑的角度出发，称为弱电间。

（4）干线子系统

干线子系统应由设备间至电信间的干线电缆和光缆，安装在设备间的建筑物配线设备（BD）及设备缆线和跳线组成。

（5）建筑群子系统

建筑群子系统应由连接多个建筑物之间的主干电缆和光缆、建筑群配线设备（CD）及设备缆线和跳线组成。

（6）设备间

设备间是在每幢建筑物的适当地点进行网络管理和信息交换的场地。对于综合布线系统工程设计，设备间主要安装建筑物配线设备。电话交换机、计算机主机设备及入口设施也可与配线设备安装在一起。

（7）进线间

进线间是建筑物外部通信和信息管线的入口部位，并可作为入口设施和建筑群配线设备的安装场地。进线间一般提供给多家电信业务经营者使用，通常设于地下一层。进线间主要作为室外电缆和光缆引入楼内的成端与分支及光缆的盘长空间位置。

（8）管理

管理应对工作区、电信间、设备间、进线间的配线设备、缆线、信息插座模块等设施按一定的模式进行标识和记录，内容包括管理方式、标识、色标、连接等。这些内容的实施将给今后维护和管理带来很大的方便，有利于提高管理水平和工作效率。特别是较为复杂的综合布线系统，如采用计算机进行管理，其效果将十分明显。综合布线的各种配线设备，应用色标区分干线电缆、配线电缆或设备端点，同时，还应采用标签表明端接区域、物理位置、编号、容量、规格等，以便维护人员在现场一目了然地加以识别。

4）综合布线常用标准

综合布线系统标准中确定了各种布线系统配置的相关元器件的性能和技术标准。了解和熟悉网络综合布线系统现行标准对于系统设计、项目实施、验收和维护是非常重要的。目前综合布线常用的标准有以下几种。

（1）国际标准

国际布线标准《ISO/IEC 11801：1995（E）信息技术——用户建筑物综合布线》；国际标准ISO/IE C11801是由联合技术委员会ISO/IECJTC1的SC25/WG3工作组在1995年制定发布的，这个标准把有关元器件和测试方法归入国际标准。目前该标准有三个版本：ISO/IEC 11801：1995，ISO/IEC 11801：2000，ISO/IEC 11801：2000＋（目前是草案）。

（2）欧美标准

欧洲标准《EN50173建筑物布线标准》；美国国家标准协会《TIA/EIA 568A商业建筑物电信布线标准》；美国国家标准协会《TIA/EIA 569A商业建筑物电信布线路径及空间距标准》；美国国家标准协会《TIA/EIATSB-67非屏蔽双绞线布线系统传输性能现场测试规范》；美国国家标准协会《TIA/EIATSB-72集中式光缆布线准则》；美国国家标准协会《TIA/EIATSB-75大开间办公环境的附加水平布线惯例》。

（3）中国标准

中国综合布线系统标准的主管部门为信息产业部，批准部门为建设部，具体由中国工程建设标准化协会信息通信专业委员会综合布线工作组负责编制。目前，国内采用的标准是GB 50311—2007《建筑与建筑群综合布线系统工程设计规范》和GB 50312—2007《综合布线系统工程验收规范》。

（4）术语及通用符号

① 布线（cabling）

能够支持信息电子设备相连的各种缆线、跳线、接插软线和连接器件组成的系统。

② 信道（channel）

连接两个应用设备的端到端的传输通道。信道包括设备电缆、设备光缆和工作区电缆、工作区光缆。

③ 集合点（CP，Consolidation Point）

楼层配线设备与工作区信息点之间水平缆线路由中的连接点。

④ 建筑群配线设备（campus distributor）

终接建筑群主干缆线的配线设备。

⑤ 建筑物配线设备（building distributor）

为建筑物主干缆线或建筑群主干缆线终接的配线设备。

⑥ 楼层配线设备（floor distributor）

终接水平电缆及水平光缆和其他布线子系统缆线的配线设备。

⑦ 信息点（TO，Telecommunications Outlet）

各类电缆或光缆终接的信息插座模块。

⑧ 跳线（jumper）

不带连接器件或带连接器件的电缆线对与带连接器件的光纤，用于配线设备之间进行连接。

⑨ 多用户信息插座（muiti-user telecommunications outlet）

在某一地点，若干信息插座模块的组合。

⑩ 交接（交叉连接，cross-connect）

配线设备和信息通信设备之间采用接插软线或跳线上的连接器件相连的一种连接方式。

⑪ 互连（interconnect）

不用接插软线或跳线，使用连接器件把一端的电缆、光缆与另一端的电缆、光缆直接相连的一种连接方式。

⑫ 符号与缩略词（见表1.1）

表1.1　符号与缩略词

	英文名称	中文名称或解释
ACR	Attenuation to Crosstalk Ratio	衰减串音比
BD	Building Distributor	建筑物配线设备
CD	Campus Distributor	建筑群配线设备
CP	Consolidation Point	集合点
dB	dB	电信传输单元：分贝
d.c.	Direct Current	直流
EIA	Electronic Industries Association	美国电子工业协会
ELFEXT	Equal Level Far End crosst alkattenuation（loss）	等电平远端串音衰减
FD	Floor Distributor	楼层配线设备
FEXT	Far End crosstalk attenuation（loss）	远端串音衰减（损耗）
IEC	International Electrotechnical Commission	国际电工技术委员会
IEEE	The Institute of Electrical and Electronics Engineers	美国电气及电子工程师学会
IL	Insertion Loss	插入损耗
IP	Internet Protocol	因特网协议
ISDN	Integrated Services Digital Network	综合业务数字网
ISO	International Organization for Standardization	国际标准化组织
LCL	Longitudinal to differential Conversion Loss	纵向对差分转换损耗

续表 1.1

英文缩写	英文名称	中文名称或解释
OF	Optical Fibre	光纤
PSNEXT	Power Sum NEXT attenuation（loss）	近端串音功率和
PSACR	Power Sum ACR	ACR 功率和
PSELFEXT	Power Sum ELFEXT attenuation（loss）	ELFEXT 衰减功率和
RL	Return Loss	回波损耗
SC	Subscriber Connector（opticalfibreconnector）	用户连接器（光纤连接器）
SFF	Small Form Factorconnector	小型连接器
TCL	Transverse Conversion Loss	横向转换损耗
TE	Terminal Equipment	终端设备
TIA	Telecommunications Industry Association	美国电信工业协会
UL	Underwriters Laboratories	美国保险商实验安全标准
Vr.m.s	Vroot.mean.square	电压有效值

职场小贴士：
对企业来讲，企业竞争是形象取胜，员工竞争是素质取胜——比尔·盖茨

任务总结

小张由于平时的学习积累，对智能建筑和计算机网络系统的相关知识均有所了解，在与客户的交谈中熟练使用了综合布线系统术语，专业范十足，交流应对自如，给客户留下了良好的印象，从而为以后工程的跟进起到积极的作用。

任务巩固

（1）简述综合布线系统的概念。
（2）简述综合布线系统的组成及各部分在综合布线系统中的位置。

任务测试

请根据本章所学知识回答本章任务分析中所提到的 3 个问题。

第 2 章 综合布线介质学习篇

 **任务引导**

在综合布线工程中,常用原材料一般包含各类线缆、设备及连接器件,而常用工具是用来将各类传输介质、器件和设备安装连接在一起,从而构成一个完整统一的综合布线系统。通过本章的学习,我们将了解在综合布线工程中会用到的常见的传输介质、设备、工具及连接器件。本章内容为一名工程材料采购员日常工作中的常用知识,对工程材料有一个清楚的认识将会让人在工程建设中倍感轻松。

 **主人公简介**

姓名:小周
性别:女
年龄:24
职业:工程材料采购员
职责:按照售前工程师的设计要求采购合适的网络设备和传输介质及使用工具。
性格:70%勤奋+30%聪明。
目标:成为一名优秀的项目经理,在城市中可以看到属于自己的工程作品。

 **本期任务**

小周所在的**科技有限公司最近要完成一项大学图书馆网络搭建工程,该工程要求实现图书馆的网络化。项目售前工程师根据学院需求,对图书馆网络进行了规划。小周作为公司的采购人员需要根据工程的需求选择适合的材料,为工程的顺利实施提供有效的保障。

四川信息职业技术学院图书馆网络建设工程

四川信息职业技术学院隶属于四川省经济和信息化委员会,是经四川省人民政府批准、教育部备案的全省唯一一所电子信息类公办高等职业院校,学院始建于 1976 年,现已建立起大专教育、成人(继续)教育、中专教育等多层次办学体系,是培养生产、建设、管理、服务一线高技能人才的摇篮。

四川信息职业技术学院图书馆伴随着学院一起诞生和成长,经过 30 多年的建设,现有雪峰和东坝两个校区,馆舍面积 11 700 m^2。2008 年荣获四川省高校图书馆优秀部室称号。多年来,图书馆始终坚持"育人为本、读者第一、服务至上"的办馆宗旨,践行"一切为了师生,一切方便师生"的服务理念,致力于为学院教学、科研、管理提供有力的文献资源保障和文献信息服务。

四川信息职业技术学院图书馆现有馆藏文献资源总量67万册，其中以机械、电子、计算机、管理等大类为主的中文纸本图书28余万册，中文现刊300余种，中文报纸50余种，过期期刊合订本（中外文）2万余册，本地镜像电子文献资源30万余册（种），各类光盘2.5万余片。

四川信息职业技术学院图书馆现有书生电子图书、万方中国标准数据库、万方数字化期刊群、万方中国学位论文全文、万方中国学术会议论文、银符考试网等外购数据库，读者可通过远程访问方式阅读、下载中文电子图书30余万册，中文电子期刊3 000余种。图书馆还建有文献信息检索平台、自建随书光盘2个自建数据库。

四川信息职业技术学院图书馆现有服务器2台，10T磁盘阵列，微机140台，交换机5台。图书馆的采购、编目、流通、检索等工作全部实行计算机管理。

1．图书馆网络需求

（1）川信职院图书馆网络要具有良好经济性，设计时充分考虑网络的兼容性和可扩展性，能与目前学院已建好的校园骨干网进行无缝衔接，设备选择时预留升级空间。

（2）川信职院图书馆网络要求高度稳定和可靠，保证图书馆日常的网络服务。

（3）川信职院图书馆网络系统能保证安全，确保图书馆存储数据的正常，相关保密信息能有效隔离。

（4）川信职院图书馆网络系统应具有良好的性能，能满足全校上万师生的日常访问。

（5）川信职院图书馆网络系统应具有良好的服务质量和较小的延迟，以满足网络系统传输视音频的需要。

（6）川信职院图书馆网络系统应具备完善的管理功能，易于管理，能有效降低网络的维护和管理成本。

（7）川信职院图书馆网络系统能支持网络自动化办公系统，满足管理人员的办公需求。

2．图书馆应用需求

（1）图书馆自动化系统：包括图书采购、编目、流通及借阅信息查询系统，支撑整个图书馆的业务运作。

（2）图书馆网站：图书馆对用户提供的信息查询，实现图书在馆状态查询，提供图书借阅预约及图书借阅延时等功能。

（3）电子阅览：在线提供电子图书、电子期刊、电子论文等资料，供师生在网上查阅学习。

（4）高可靠的应用服务器系统：包括VOD、光盘镜像、数据备份、文献传递、E-mail服务、数据库服务器等重要服务器。

任务分析

本期工程中小周的具体任务是根据项目售前工程师的设计进行网络设备的选择及订购，满足工程施工搭建的材料需求，为工程施工提供物资保障。在这次的工程中，小周将要在采购中将要完成如下问题：

（1）如何选择合适综合布线工程传输介质？

（2）综合布线工程施工常用工具有哪些？

（3）综合布线工程网络通信设备如何选择？

问题1：综合布线工程传输介质

1. 百科知识

网络传输介质是网络中传输数据、连接各网络节点的实体，在局域网中常见的网络传输介质有铜介质和光介质两种。其中铜介质为双绞线和同轴电缆。双绞线是经常使用的传输介质，它一般用于星形网络中，同轴电缆一般用于总线形网络。光缆一般用于主干网或楼群间的连接。在网络线路上使用的传输介质有双绞线、同轴电缆、大对数线、光缆。

1）双绞线

双绞线（TwistedPair，TP）是一种综合布线工程中最常用的传输介质。双绞线由两根具有绝缘保护层的铜导线组成。把两根绝缘的铜导线按一定密度互相绞在一起，可降低信号干扰的程度，每一根导线在传输中辐射出来的电波会被另一根导线上发出的电波抵消。如图2.1、2.2所示。

双绞线一般由两根为22号、24号或26号绝缘铜导线相互缠绕而成。如果把一对或多对双绞线放在同一个绝缘套管中便成了双绞线电缆。与其他传输介质相比，双绞线在传输距离、信道宽度和数据传输速度等方面均受一定限制，但价格较为低廉。

图2.1 非屏蔽双绞线

图2.2 屏蔽双绞线

目前，双绞线可分为非屏蔽双绞线（Unshielded Twisted Pair，UTP）和屏蔽双绞线（Shielded Twisted Pair，STP），如图2.1和图2.2所示。屏蔽双绞线电缆的外层由铝箔包裹着，可以减少辐射，防止信息被窃听，也可以阻止外部电磁干扰的进入，从而使屏蔽双绞线比同类的非屏蔽双绞线具有更高的传输速率。非屏蔽双绞线是一种数据传输线，由四对不同颜色的传输线所组成，广泛用于以太网和电话系统中。非屏蔽双绞线电缆无屏蔽外套、直径小、质量小、易弯曲、易安装、节省所占用的空间，具有独立性和灵活性，适用于结构化综合布线。

2）双绞线的分类

按线径粗细可将双绞线分为一类线、二类线、三类线、五类线和超五类线、六类线和超六类线、七类线等，目前工程主流使用六类双绞线。

一类线：主要用于语音传输（一类标准主要用于20世纪80年代初之前的电话线缆），不同于数据传输。

二类线:传输频率为1 MHz,用于语音传输和最高传输速率4 Mbps的数据传输,常见于使用4 Mbps规范令牌传递协议的旧的令牌网。

三类线:指目前在ANSI和EIA/TIA568标准中指定的电缆,该电缆的传输频率16 MHz,用于语音传输及最高传输速率为10 Mbps的数据传输,主要用于10BASE-T。

四类线:该类电缆的传输频率为20 MHz,用于语音传输和最高传输速率16 Mbps的数据传输,主要用于基于令牌的局域网和10BASE-T/100BASE-T。

五类线:该类电缆增加了绕线密度,外套一种高质量的绝缘材料,传输率为100 MHz,用于语音传输和最高传输速率为10 Mbps的数据传输,主要用于100BASE-T和10BASE-T网络。这是最常用的以太网电缆。

超五类线:超五类具有衰减小,串扰少,并且具有更高的衰减与串扰的比值(ACR)和信噪比(Structural Return Loss)、更小的时延误差,性能得到很大提高。超五类线主要用于千兆位以太网(1 000 Mbps)。

六类线:该类电缆的传输频率为1~250 MHz,六类布线系统在200 MHz时综合衰减串扰比(PS-ACR)应该有较大的余量,它提供2倍于超五类的带宽。六类布线的传输性能远远高于超五类标准,最适用于传输速率高于1 Gbps的应用。六类与超五类的一个重要的不同点在于:六类线改善了在串扰以及回波损耗方面的性能,对于新一代全双工的高速网络应用而言,优良的回波损耗性能是非常重要的。六类标准中取消了基本链路模型,布线标准采用星形的拓扑结构,要求的布线距离为:永久链路的长度不能超过90 m,信道长度不能超过100 m。

七类线:传输频率为600 MHz,可能用于今后的10GBASE-T的网络。

3)大对数双绞线

大对数双绞线是由25对具有绝缘保护层的铜导线组成的。它有三类25对大对数双绞线,五类25对大对数双绞线,为用户提供更多的可用线对,并被设计为扩展的,传输距离上实现高速数据通信应用,传输速度为100 Mbps。导线色彩由蓝、橙、绿、棕、灰和白、红、黑、黄、紫编码组成。大对数线缆主要用于语音系统和垂直干线系统。应根据工程对综合布线系统传输频率和传输距离的要求,选择线缆的类别(三类、超五类铜芯对绞电缆或光缆)。大对数线品种分为屏蔽大对数线和非屏蔽大对数线,如图2.3和图2.4所示。

图2.3 非屏蔽大对数线

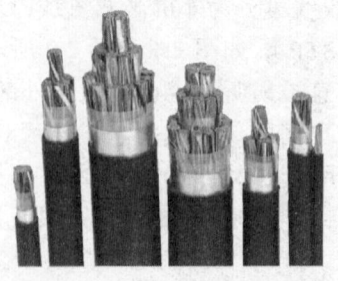
图2.4 屏蔽大对数线

4)同轴电缆

同轴电缆(Coaxial Cable)是内外由相互绝缘的同轴心导体构成的电缆,其内导体为铜线,外导体为铜管或网,如图2.5所示。同轴电缆的电磁场封闭在内外导体之间,故辐射损耗小,受外界干扰影响小，常用于传送多路电话和电视。同轴电缆也是局域网中最常见的传输介质之一。它用来传递信息的一对导体是按照一层圆筒式的外导体套在内导体（一根细芯）外面，两个导体间用绝缘材料互相隔离的结构制造的，外层导体和中心轴芯线的圆心在同一个轴心上，所以叫做同轴电缆。同轴电缆之所以设计成这样，也是为了防止外部电磁波干扰信号的传递。常用的同轴电缆有两种，一种是特性阻抗为 50Ω 的基带同轴电缆，其优点是安装简单而且价格便宜，但由于在传送过程中信号容易发生畸变和衰减，所以传输距离不能很长，一般在 1 km 以内，典型的传送速率是 10 Mbps，当前很少采用该电缆组建局域网。另一种是特性阻抗为 75Ω 的 CATV 宽带电缆，用于传送模拟信号。

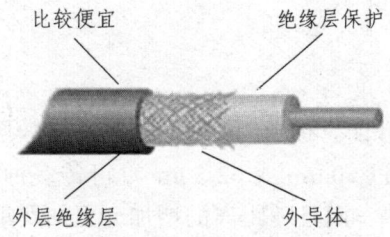

图 2.5　同轴电缆结构

5）光　纤

光纤是一种将信息从一端传送到另一端的媒介，是一条以玻璃或塑胶纤维作为让信息通过的传输媒介。它是依照光的全反射的原理制造的。通常光纤与光缆两个名词容易混淆。多数光纤在使用前必须由几层保护结构包覆，包覆后的缆线即被称为光缆。光纤外层的保护结构可防止周遭环境对光纤的伤害，如水、火、电击等。光缆由光纤、缓冲层及披覆三部分构成。光纤和同轴电缆相似，只是没有网状屏蔽层。光缆中心是光传播的玻璃芯。在多模光纤中，芯的直径是 15～50 mm，大致与人的头发粗细相当。而单模光纤芯的直径为 8～10 mm。芯外面包围着一层折射率比芯低的玻璃封套，以使光纤保持在芯内。最外面的是一层薄的塑料外套，用来保护封套。光纤通常被扎成束，外面有外壳保护。纤芯通常是由石英玻璃制成的横截面积很小的双层同心圆柱体。纤芯质地脆，易断裂，因此需要外加一保护层。

（1）光纤按制作材料分类，可分为高纯度石英玻璃光纤、多组分玻璃光纤和塑料光纤。

① 高纯度石英玻璃光纤。这种材料损耗低，波长最低达 0.47 dB/km。用锗硅材料作芯子，硼硅材料作包层的多模光纤，损耗最低为 0.5 dB/km 和类似的损耗-波谱曲线。采用三元化合材料，可以获得最好的损耗-波谱曲线。

② 多组分玻璃光纤。通常用更常规的玻璃制成，损耗也很低。如 Sodium-borosilica-te 玻璃光纤在波长 λ=0.84 μm 时，最低损耗为 3.4 dB/km。

③ 塑料光纤。与石英光纤相比，塑料光纤具有重量轻、成本低、柔软性好、加工方便等特点，但当波长 λ=0.63 μm 时，损耗达到 100～200 dB/km。

（2）光纤按传输模分类，又可分为单模光纤和多模光纤，如图 2.6 和图 2.7 所示。

① 单模光纤。单模光纤纤芯直径仅为几微米，加包层和涂敷层后也仅几十微米到 125 微米，纤芯直径接近波长。中心玻璃芯较细（芯径一般为 9 或 10 μm），只能传一种模式的光。因此，其模间色散很小，传输距离较长，适用于远程通信。但其色度色散起主要作用，这样单模光纤对光源的谱宽和稳定性有较高的要求，即谱宽要窄，稳定性要好。一般单模光纤跳

纤用黄色表示，接头和保护套为蓝色。

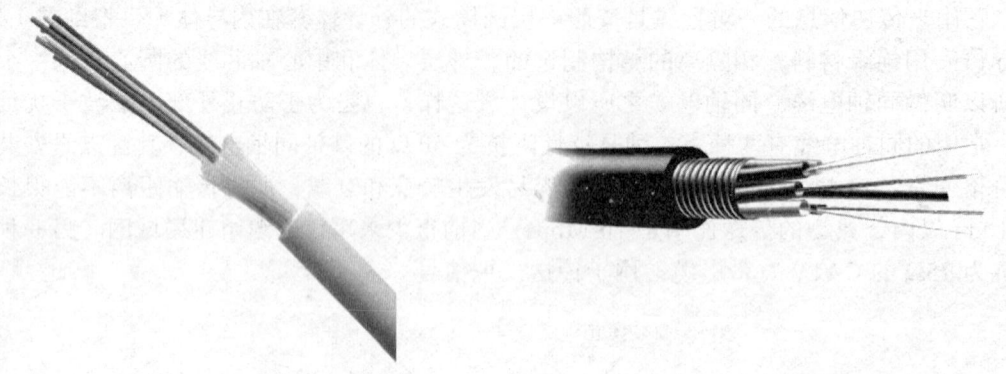

图 2.6　单模光纤　　　　　　　　　图 2.7　多模光纤

②多模光纤。多模光纤纤芯直径有 50 μm，加包层和涂敷层有 50 μm。纤芯直径远远大于波长。多模光纤中心玻璃芯较粗（50 μm 或 62.5 μm），可传多种模式的光。但其模间色散较大，这就限制了传输数字信号的频率，而且随距离的增加会更加严重。因此，多模光纤传输距离较短，一般只有几千米。例如，600 MB/km 的光纤在传输距离为 2 km 时则只有 300 MB 的带宽了。一般多模光纤跳纤用橙色表示，也有的用灰色表示，接头和保护套用米色或者黑色。

2、为工程选购双绞线

由于双绞线一旦铺设完成便很难再行更换，因此，必须严格把握线缆质量，应该选择知名厂商的产品，并到信誉好的经销商处购买。在选购时，应当会"看"会"摸"，从而保证购买到真品。

1）看

（1）看包装箱质地和印刷

仔细查看线缆的箱体包装是否完好。真品双绞线的包装纸箱，从材料质地到文字印刷都应该相当不错，许多厂家还在产品外包装上贴上了防伪标签。

（2）看外皮颜色及标志

双绞线绝缘皮上应当印有诸如产地，执行标准，产品类别，线长之类的字样。

（3）看绞合密度

为了降低信号的干扰，双绞线电缆中的每一线对都以逆时针方向进行绞合。

（4）看导线颜色

剥开双绞线的外层胶皮后，可以看到里面由颜色不同的四对芯线组成（白橙、橙、白绿、绿、白蓝、蓝、白棕、棕）。需要注意的是，这些颜色绝对不是后来用染料染上去的，而是使用相应颜色的塑料制成的。

（5）看阻燃情况

为了避免高温或起火导致线缆的燃烧和损坏，双绞线最外面的一层包皮除应具有很好的抗拉特性外，还应具有阻燃性。判断线缆是否阻燃，最简单的方法就是用火烧一下。先用剥线刀切取 2 cm 左右长度的网络外皮，然后用打火机对着外皮燃烧。网线的外皮会在烧烤之下逐渐熔化变形，但不应当燃烧。

2）触　摸

在通常情况下可以通过手指触摸双绞线的外皮来对双纹线的质量做最初的判断。假线为节省成本,采用劣质的线材,手感发粘,有一定的停滞感;而真线手感舒服,外皮光滑。

用力捏一捏网线,手感应当饱满。线缆还应当可以随意弯曲,以方便布线。品质良好的网线在设计时考虑到布线的方便性,会尽量做到柔韧,无论怎样弯曲都很方便,而且不容易折断和打结。考虑到网线在布线时经常需要弯曲,许多正规厂商在制作网线时都给外皮留有一定的伸展性,以保证网线在弯曲时不受损伤。因此,双手用力拉正规网线时,可以发现外皮都具有伸展性。为了使双绞线在移动中不断线,除外皮保护层外,内部的铜芯还要具有一定的韧性。铜芯既不能太软,也不能太硬,太软或太硬都表明铜的纯度不够,将严重影响网线的电气性能。

3．为工程选购光纤

1）根据芯数选择光缆

根据芯数选择不同型号的光缆结构,可分为中心束管式、层绞式、骨架式和带状式等几种。不同的用途,结构又不相同,用户可以根据线路情况提出相应要求。一般12芯以下的采用中心束管式。中心束管式工艺简单、成本低,在架空敷设或具备良好的管道保护的支干线网络中具有竞争力。层绞式光缆采用中心放置钢绞线或单根钢丝加强,采用SZ方式成缆,成缆纤数可达144芯。它的最大优点是防水,防强大拉力,强大侧压力,可以用于直接埋地,同时易于分叉。即光缆部分光纤需分别使用时,不必将整个光缆开断,只需将需分叉的光纤开断即可。这对于数据通讯网络、有线电视网络沿途增设光节点非常有利。带状光缆的芯数可以做到上千芯,它是将 4~12 芯光纤排列成行,构成带状光纤单元,再将多个带状单元按一定方式排列成缆。我们网络级光缆一般选用束管式和层绞式两种即可。

2）根据用途选择光缆

根据用途的不同,光缆可分架空光缆、直埋光缆、管道光缆、海底光缆和无金属光缆等。架空光缆要求强度高、温差系数小;直埋式光缆要求抗埋、抗压、防潮、防湿度特性好,耐化学侵蚀;管道光缆和海底光缆则要耐水压、耐张力、防水特性好;无金属光缆可以和高压线一起架设,要求绝缘性好,虽然没有铁体加强芯,但也要有一定的抗拉能力。因此,在选购光缆时,用户要根据光缆的用途选择,并对厂家提出要求,确保光缆使用稳定、可靠。

3）根据材料选择光缆

光缆制造材料的选用是关系到光缆使用寿命的关键,而制造工艺是影响光缆质量的重要环节。工艺稳定、质量优良的产品在光缆生产的全过程中基本上未列入光纤附加损耗,≤0.01 dB/km 是衡量厂家光缆制造工艺水平的基本数据。光缆的主要用料有:纤芯、光纤油膏、护套材料、PBT（聚对苯二甲酸丁二醇酯）,它们均有不同的质量要求,纤芯要求有较大的功率,较高的信噪比,较低比特误码率,较长放大器间距,较高的信息运载能力。光纤油膏是指在光纤束管中填充的油膏,其作用一是防止空气中的潮气侵蚀光纤,二是对光纤起衬垫作用,缓冲光纤受震动或冲击影响。油膏有严格的质量要求,强调超低的析氢量,保证光缆低温特性良好，防止"氢损"导致光缆严重损坏。护套材料对光缆长期可靠性具有相当重要作用，是决定光缆拉伸、压扁、弯曲特性、温度特性、耐自然老化（温度、照射、化学腐蚀）特性，以及光缆的疲劳特性的关键。所以应选用高密度的聚乙烯材料（PE），它具有硬度大，抗拉抗压性能好，外皮不易损坏等优点。PBT 是制作光缆二次套塑（束管）的热塑性工程塑料，必须具有杨式模量高（1 600 N/mm^2）、线胀系数低（1.5×10^4）、耐化学腐蚀好、加工特性好、摩擦系数小等优点。用 PBT 材料做光纤套管可以使光纤束管单元具有良好的耐侧压和温度特性。在耐水解要求比较高的地方，为保证光缆的长寿命，必须使用抗水解的 PBT 材料。

选购光缆要比同轴电缆复杂得多，并不能简单地以几芯价格多少来比较衡量，而应根据光缆的结构形式、选用原材料、生产工艺及技术指标来综合考虑，不要选用价格过于便宜的产品，同时选购时还应做到以下几个方面：

（1）生产厂家必须通过 ISO 9002 质量体系认证，并有广播电影电视总局入网认定有效证书。

（2）考核评估生产厂家资信，近年来的业绩以及质量、售后服务保证体系。

（3）选定生产厂家后，在生产期间派员驻厂检查原材料及生产过程、产品测试等。货到后要按厂家技术指标测试验收。

光缆的选用除了根据光纤芯数和光纤种类以外，还要根据光缆的使用环境来选择光缆的外护套。

（1）户外用光缆直埋时，宜选用铠装光缆。架空时，可选用带两根或多根加强筋的黑色塑料外护套的光缆。

（2）建筑物内用的光缆在选用时应注意其阻燃、毒和烟的特性。一般在管道中或强制通风处可选用阻燃但有烟的类型（Plenum），暴露的环境中应选用阻燃、无毒和无烟的类型（Riser）。

（3）楼内垂直布缆时，可选用层绞式光缆；水平布线时，可选用可分支光缆。

（4）传输距离在 2 km 以内的，可选择多模光缆；传输距离超过 2 km 可用中继或选用单模光缆。

职场小贴士：
　　人生不是拼你有多优秀，而是拼你有多独特。

问题2：综合布线工程施工工具

1. 百科知识

1）电工工具箱

布线施工中必备的工具，一般包括：钢丝钳、尖嘴钳、斜口钳、剥线钳、一字螺丝批、十字螺丝批、测电笔、电工刀、电工胶带、活扳手、呆扳手、卷尺、铁锤、凿子、斜口凿、钢锉、钢锯、电工皮带、工作手套等，如图2.8所示。

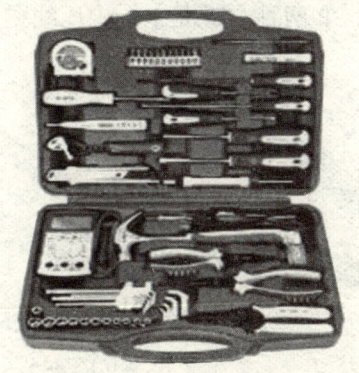

图2.8 电工工具箱

图2.9 充电起子

工具箱中还应常备水泥钉、木螺丝、自攻螺丝、塑料膨胀管、金属膨胀栓等小材料。

2）充电起子

充电起子既可当螺丝刀又能用作电钻，特殊情况下以充电电池作为动力电源，配合各式通用的六角工具头可以拆卸及锁入螺丝，钻洞等。充电起子可取代传统起子，拆卸锁入螺丝完全不费力。提高工效。充电起子如图2.9所示。

3）手电钻

手电钻钻孔适用在金属型材、木材、塑料上钻孔，它是布线系统安装中经常用到的工具。手电钻由电动机、电源开关、电缆、钻孔头等组成，如图2.10所示。

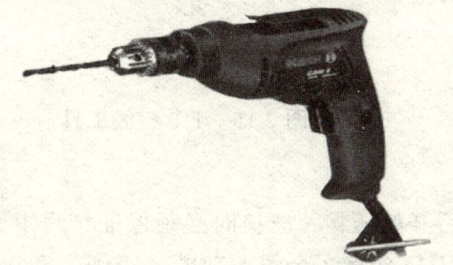

图2.10 手电钻

图2.11 冲击电钻

4)冲击电钻

冲击电钻它是一种旋转带冲击的特殊用途的手提式电动工具,由电动机、减速箱、冲击头、辅助手柄、开关、电源线、插头及钻头夹等组成,如图 2.11 所示。适用于在混凝土、预制板、瓷面砖、砖墙等建筑材料上进行钻孔或打洞。

5)双绞线端接工具

剥线钳:用于剥除线缆头部的表面绝缘层。使用普通的剪刀或老虎钳剥离线缆头部的表面绝缘层时,很容易割伤线缆内部的铜线。剥线钳如图 2.12 所示。

压线钳:用来压制水晶头的一种工具,如图 2.13 所示。一把压线钳包括了双绞线切割、剥离外护套、水晶头压接等多种功能。常见的电话线接头和网线接头都是用压线钳压制而成的。压线钳最顶部的是压线槽,压线槽一般提供 4P、8P 两种,4P 是 RJ-11 压线槽,8P 是 RJ-45 压线槽,也是最常见的网线的压线槽。

 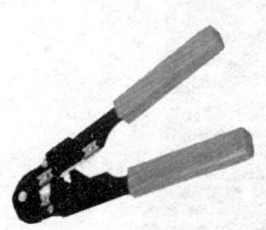 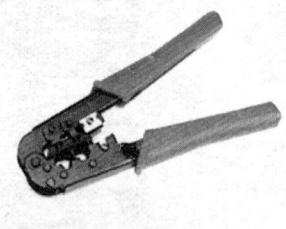

(a)RJ45 工具　　(b)RJ45 双用工具

图 2.12　剥线钳　　　　图 2.13　压线工具

6)110 打线工具

5 对 110 型打线工具:110 型连接端子打线工具,如图 2.14 所示。一次最多可以接 5 对的连接块,操作简单,省时省力。

单对 110 型打线工具:适用于线缆、110 型模块及配线架的连接作业。使用时只需要简单地在手柄上推一下,就能完成将导线卡接在模块中,完成端接过程。单对 110 型打线工具如图 2.15 所示。

 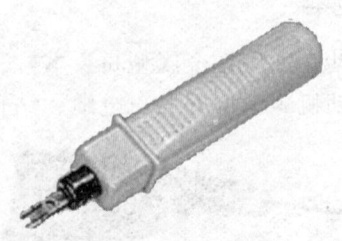

图 2.14　110 五对打线工具　　　　图 2.15　110 打线工具

使用打线工具时,必须注意以下事项:

用手在压线口按照线序把线芯整理好,然后开始压接,压接时必须保证打线钳方向正确,有刀口的一边必须在线端方向,正确压接后,刀口会将多余线芯剪断。否则,会将要用的网线铜芯剪断或者损伤。

打线钳必须保证垂直,突然用力向下压,听到"咔嚓"声,配线架中的刀片会划破线芯的外包绝缘外套,与铜线芯接触。

如果打接时不突然用力,而是均匀用力时,不容易一次将线压接好,可能出现半接触状态。如果打线钳不垂直时,容易损坏压线口的塑料芽,而且不容易将线压接好。

7)水平尺

水平尺带有水平泡,用于检测线管、线槽、布线是否水平等,如图 2.16 所示。

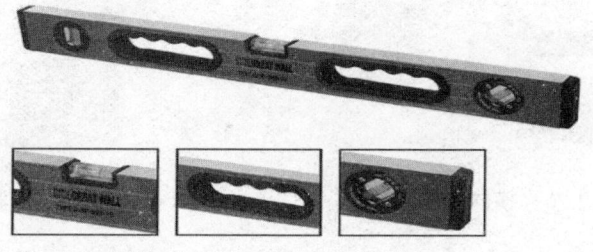

图 2.16 水平尺

8)光纤端接工具

在综合布线工程中常用的光纤工具有:剥皮钳、斜口钳、美工刀、开缆刀、酒精泵等。
剥皮钳:主要用于光缆剥皮,如图 2.17 所示。

 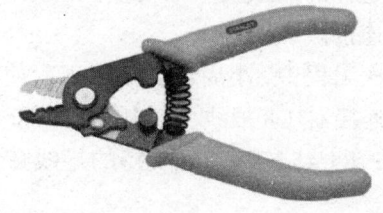

图 2.17 剥皮钳

斜口钳:主要用于剪切导线,元器件多余的引线,如图 2.18 所示,斜口钳还常用来代替一般剪刀剪切绝缘管、尼龙扎线等,但不可用于剪切钢丝、过粗的铜导线和铁丝,否则容易导致钳子崩牙和损坏。

美工刀:美工刀也叫刻刀,通常是一种美术和做手工艺品的刀,多为塑刀柄和刀片两部分组成,如图 2.19 所示。在综合布线工程中,美工刀主要用于裁剪跳线、双绞线内部的牵引线等,不能用来切割硬物。

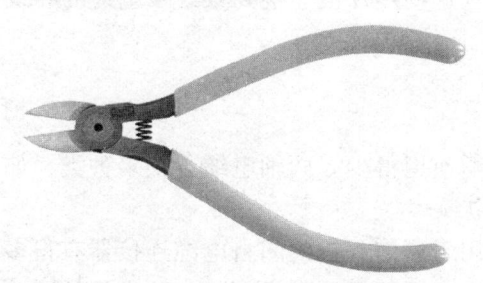 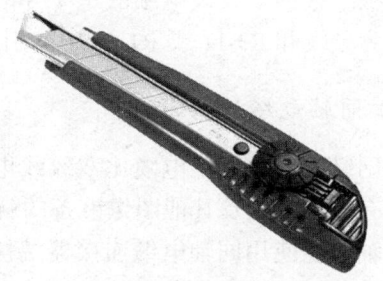

图 2.18 斜口钳　　　　　　　　图 2.19 美工刀

开缆刀：主要用于切割室外光缆的黑色外皮，有纵向开缆刀和横向开缆刀两类。目前常用的是横向开缆刀，如图 2.20 所示。

酒精泵：用于盛放酒精，不可倾斜放置，盖子不能打开以防止酒精挥发，如图 2.21 所示。

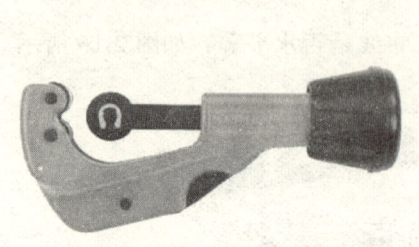 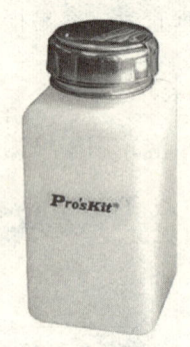

图 2.20　横向开缆刀　　　　　　　图 2.21　酒精泵

2．为工程选购介质连接器

1）双绞线连接器

在网络安装中，最常用的线缆类型是双绞线。非屏蔽类型双绞线通常用于局域网的安装，而令牌环这样的局域技术需要使用屏蔽双绞线。所以在讨论双绞线的连接中，默认指非屏蔽双绞线的连接。

在本次工程中，小周选购用于工程使用的连接器件主要有 2 种，即 RJ-11 连接器（4 根线）和 RJ-45 连接器（8 根线），如图 2.22 和 2.23 所示。RJ-11 连接器比较小巧、简单，常用于电话业务中；RJ-45 连接器能支持的导线数量比较多，主要用于局域网应用中。

图 2.22　RJ-11 连接器　　　　　　图 2.23　RJ-45 连接器

这两种连接器都是由外面的塑料包着里面的金属指状接片组成的。在压接的过程中，这些接片被下报到双绞线电细的单个导线上。一旦这些接片被连接到双绞线电缆的导线上，它们就成为导线和 RJ-11 或 RJ-45 中的引线之间的连接点。

2）同轴电缆连接器

在网络布线中同轴电缆比双绞线电缆和光缆使用得少。同轴电缆有很多种类，如家中用来连接有线电视以及其他图像设备的就是同轴电缆。

同轴电缆使用同轴电缆连接器端接。现在用于通信务业的闭自电缆连接器有很多不同的类型，这是因为不同通信系统的同轴电缆有多种不同的尺寸和类型。一些常见的同轴电线连接器有 N 型连接器、BNC 连接器、F 型连接器。

N 型同轴电缆连接器是螺口连接器，它用于同轴电缆的端接。这种螺口连接器既可以接在 N 型端接器上，也可以接在 N 型节套连接器上。端接器是端接同轴电缆的部件，节套连接器用于延长同轴电线的长度。N 型连接器是 male 式连接器，N 型端接器和节套连接器都是 female 式连接器，这两种连接器旋紧以后就能使得连接非常牢固。

BNC 连接器是卡口式连接器。连接器设计成滑动插入 female 连接器，然后通过旋转固定。旋转一半就可以把连接器锁定，往相反方问旋转一半就可以解除锁定。

BNC 连接器在细缆以太局域网中应用非常广泛。本次工程小周根据实际需求通过 BNC 连接器把两条 RG-58 电缆连接在一起的。

3）光纤连接器

就像用铜缆连接器端接铜缆一样，光纤连接器是用来对光缆进行端接的。与铜缆连接器不同，光纤连接器的首要功能是把两条光缆的芯子对齐，提供低损耗的连接。连接器的对准功能使得光线可以从一条光缆进入另一条光缆或者通信设备。实际上，光纤连接器的对准功能必须非常精确。

按照不同的分类方法，光纤连接器可以分为不同的种类。按照传输媒介的不同，可分为单模光纤连接器和多模光纤连接器；按照结构的不同，可分为 FC、SC、ST、D4、DIN、MT 等各种形式；按照连接器的插针端面，可以分为 FC、PC（UPC）和 APC 三种形式；按照光纤芯数的差别，还有单芯、多芯之分。在实际应用中，一般按照光纤连接器结构的不同来加以区分。常见的光纤连接器有以下几种。

（1）FC 型光纤连接器

FC 是 Ferrule Connector 的缩写，表明其外部加强方式是采用金属套，紧固方式为螺钉扣，如图 2.24 所示。最早的 FC 类型的连接器采用的陶瓷插针的对接端面是平向接触方式（FC）。此类连接器结构简单，操作方便，制作容易，但光纤端面对微尘较为敏感，且容易产生菲涅尔反射，提高回波损耗性能较为困难。后来，对该类型连接器做了改进，采用对接端面呈球面的插针（PC），而外部结构没有改变，使得插入损耗和回波损耗性能有了较大的提高。

（2）SC 型光纤连接器

SC 型光纤连接器外形为矩形，如图 2.25 所示。它与 RJ-45 相当，所采用的插针与耦合套筒的结构尺寸与 FC 型完全相同。其中，插针的端面多采用 PC（球面）型或 APC 型（研磨）方式；紧固方式采用插拔销闩式，不需旋转。此类连接器价格低廉，插拔操作方便，介入损耗波动小，抗压强度高，密度高。SC 型连接器主要用来连接两条光纤束，用于光纤的拼接，但制作起来比较困难。

图 2.24　FC 型光纤连接器

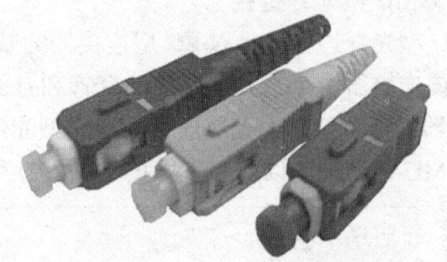

图 2.25　SC 型光纤连接器

(3) ST 型光纤连接器

ST 型光纤连接器在网络工程中最为常用,其中心是一个陶瓷套管,外壳呈圆形,所采用的插针与耦合套筒的结构尺寸与 FC 型完全相同,如图 2.26 所示。其中,插针的端面采用 PC 型或 APC 型研磨方式,紧固方式为螺钉扣。安装时必须人工或用机器将光纤抛光,去掉所有的杂痕,外壳旋转 90°就可以将插头连接到护套上。ST 型光纤连接器适用于各种光纤网络,操作简便,具有良好的互换性。

(4) SMA 型光纤连接器

SMA 连接器外观与 ST 连接器相似,如图 2.27 所示。SMA 连接器外壳采用螺纹连接,与护套连接方式更紧密,特别适用于有强烈震动的地方(如野战部队)。如果使用两条光纤来传输网络信号,则 ST 和 SMA 都需在每个光纤上安装一个连接器,两个连接器的护套上分别使用不同的颜色标记,以区别光纤束。

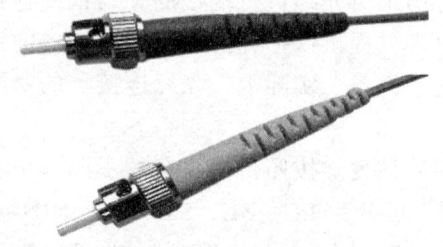

图 2.26　ST 型光纤连接器

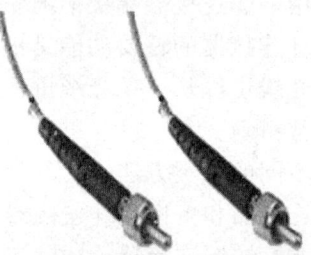

图 2.27　SMA 型光纤连接器

(5) LC 型光纤连接器

LC 型光纤连接器是著名的贝尔研究所研究开发的,采用操作方便的模块化插孔闩锁机理制成,如图 2.28 所示。该连接器所采用的插针和套筒的尺寸是普通 SC 型、FC 型等所用尺寸的一半,提高了光配线架中光纤连接器的密度。

图 2.28　LC 型光纤连接器

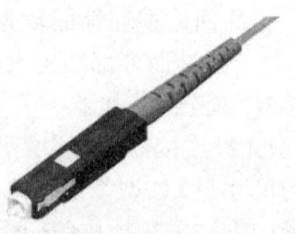

图 2.29　MU 型光纤连接器

(6) MU 型光纤连接器

MU 型光纤连接器是以 SC 型连接器为基础研发的世界上最小的单芯光纤连接器,如图 2.29 所示,该连接器由 1.25 mm 直径的套管和自保持机构组成,其优势在于能实现高密度安装。MU 型连接器系列包括用于光缆连接的插座型光纤连接器(MU-A 系列)、具有自保持机构的底板连接器(MU-B 系列)以及用于连接 LD / PD 模块与插头的简化插座(MU-SR 系列)等。

职场小贴士:
　　感恩时光,让生活更富有意义;感恩自己,坚持且努力的为梦想而奋斗。

问题3：综合布线工程通信设备

1. 百科知识

1) HUB集线器

HUB集线器基于MAC地址转发数据，但不能分辨需要转发的端口和不需要转发的端口，一律同等对待，将要转发的数据向除进入端口外的所有端口转发。这种方式广播报文泛滥，网络较大时甚至造成网络瘫痪。所以，HUB集线器只适合较小的网络，如家庭内部的局域网

独立型HUB：独立型HUB（见图2.30）是最早使用的设备，它具有价格低廉、故障查找容易、网络管理方便等优点，在小型的局域网中广泛使用。但这类HUB的工作性能比较一般，尤其是在速度上缺乏优势。

图2.30　独立型HUB

模块化HUB：模块化HUB（见图2.31）一般带有机架和多个卡槽，每个卡槽中可安装一块卡，每块卡的功能相当于一个独立型的HUB，多块卡通过安装在机架上的通信底板进行互连并进行相互间的通信。现在常使用的模块化HUB一般具有4~14个插槽。模块化HUB在较大的网络中便于实施对用户的集中管理，所以在大型网络中得到了广泛应用。

可堆叠式HUB：可堆叠式HUB是利用高速总线将单个独立型HUB"堆叠"或短距离连接的设备，其功能相当于一个模块化HUB。一般情况下，当有多个HUB堆叠时，其中存在一个可管理HUB，可堆叠式HUB可非常方便地实现对网络的扩充，是新建网络时最为理想的选择，但目前很少建网会使用集线器来扩建网络。

图2.31　模块化HUB

2）交换机

交换机在 HUB 的基础上添加了一个寻址转发机制，可以区分数据出端口和不相关的端口。它将 MAC 地址和端口绑定，经过学习后拥有所有端口和 MAC 地址的对应关系。当知道目的 MAC 之后只向对应的端口转发，可以避免多余的数据包。三层交换机引入 VLAN 功能，可以将广播报文限制在 VLAN 域内，进一步限制广播报文对网络的影响。

交换机按不同的方式分类可分为不同的种类。按工作方式可分为二层交换机，三层交换机，多层交换机；按在网络中部署的位置和性能可分为核心交换机，接入交换机等；按外形可分为固定端口交换机，堆叠式交换机，模块化（箱式）交换机，如图 2.32~图 2.34 所示；按协议可分为以太网交换机，ATM 交换机，帧中继交换机；按接口类型可为分普通双绞线交换机，光纤交换机；按转发可分为 10/100M 交换机，千兆交换机，万兆交换机等。

图 2.32　固定端口交换机

图 2.33　堆叠式交换机

图 2.34　模块化交换机

3）路由器

路由器工作在 OSI 体系结构中的网络层，这意味着它可以在多个网络上交换和路由数据包。路由器通过在相对独立的网络中交换具体协议的信息来实现这个目标。比起网桥，路由器不但能过滤和分隔网络信息流、连接网络分支，还能访问数据包中更多的信息，用来提高数据包的传输效率。路由表包含有网络地址、连接信息、路径信息和发送代价等。路由器比网桥慢，主要用于广域网或广域网与局域网的互联。

（1）接入路由器

接入路由器（见图 2.35）连接家庭或 ISP 内的小型企业客户。接入路由器已经开始不只是提供 SLIP 或 PPP 连接，还支持诸如 PPTP 和 IPSec 等虚拟私有网络协议，这些协议能在每个端口上运行。诸如 ADSL 等技术能很快提高各家庭的可用带宽，这将进一步增加接入路由器的负担。由于这些趋势，接入路由器将来会支持许多异构和高速端口，并在各个端口能够运行多种协议，同时还要避开电话交换网。

（2）企业级路由器

企业或校园级路由器（见图 2.36）连接许多终端系统，其主要目标是以尽量便宜的方法实现尽可能多的端点互连，并且进一步要求支持不同的服务质量。许多现有的企业网络都是由 HUB 或网桥连接起来的以太网段。尽管这些设备价格便宜、易于安装、无需配置，但是它们不支持服务等级。相反，有路由器参与的网络能够将机器分成多个碰撞域，并因此能够控制一个网络的大小。此外，路由器还支持一定的服务等级，至少允许分成多个优先级别。但是路由器的每端口造价要贵些，并且在能够使用之前要进行大量的配置工作。因此，企业路由器的成败就在于是否提供大量端口，且每个端口的造价是否很低，是否容易配置，是否支持 QOS。另外，还要求企业级路由器有效地支持广播和组播。企业网络还要处理历史遗留的各种 LAN 技术，支持多种协议，包括 IP、IPX 和 Vine。它们还要支持防火墙、包过滤以及大量的管理和安全策略以及 VLAN。

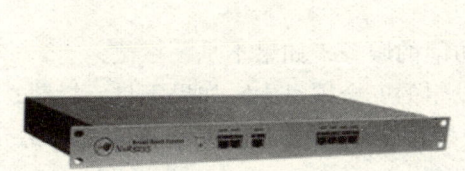

图 2.35　接入路由器

图 2.36　企业级路由器

（3）骨干级路由器

骨干级路由器实现企业级网络的互联。对它的要求是速度和可靠性，而代价则处于次要地位。硬件可靠性可以采用电话交换网中使用的技术，如热备份、双电源、双数据通路等来获得。这些技术对所有骨干路由器而言差不多是标准的。骨干 IP 路由器的主要性能瓶颈是在转发表中查找某个路由所耗的时间。当收到一个包时，输入端口在转发表中查找该包的目的地址以确定其目的端口，当包越短或者当包要发往许多目的端口时，势必增加路由查找的代价。因此，将一些常访问的目的端口放到缓存中能够提高路由查找的效率。不管是输入缓冲还是输出缓冲路由器，都存在路由查找的瓶颈问题。除了性能瓶颈问题，路由器的稳定性也是一个常被忽视的问题。

（4）太比特路由器

在未来核心互联网使用的三种主要技术中，光纤和 DWDM 都已经是很成熟的并且是现成的。如果没有与现有的光纤技术和 DWDM 技术提供的原始带宽对应的路由器，新的网络基础设施将无法从根本上得到性能的改善，因此，开发高性能的骨干交换/路由器（太比特路由器）已经成为迫切的要求。太比特路由器技术现在还主要处于开发实验阶段。

（5）无线路由器

无线路由器就是带有无线覆盖功能的路由器，如图 3.37 所示。它主要应用于用户上网和无线覆盖。市场上流行的无线路由器一般都支持专线 xdsl/cable，动态 xdsl，pptp 四种接入方式，它还具有其他一些网络管理的功能，如 dhcp 服务、nat 防火墙、mac 地址过滤等功能。

图 2.37 无线路由器

4）防火墙

防火墙是由软件和硬件设备组合而成，在内部网和外部网之间、专用网与公共网之间的界面上构造的保护屏障，是一种获取安全性的形象说法。它是一种计算机硬件和软件的结合，使 Internet 与企业内网之间建立起一个安全网关，从而保护内部网免受非法用户的侵入。防火墙主要包括访问规则、验证工具、包过滤等。

服务访问规则：检测是不是已设定安全能访问的服务，如果不是，拦截；

验证工具：对访问特征进行验证，是否在设定的安全项目中，如果不是，拦截；

包过滤：检测是否是允许通过的数据包，一般大多检测包头部分，查看是不是允许的通信地址，是不是允许的包大小等，如果不是，拦截；

应用网关：简单的就是检测数据转移是不是规定的，如果不是，拦截。

防火墙就是一个位于计算机和它所连接的网络之间的软件或硬件。其中，硬件防火墙（见图 2.38）因其价格昂贵，用得较少，通常用于国防部以及大型机房等地。该计算机流入流出的所有网络通信都要经过防火墙。

图 2.38 硬件防火墙

（1）防火墙的功能

① 网络安全的屏障

防火墙可通过过滤不安全的服务来减低风险，极大地提高内部网络的安全性。由于只有经过选择并授权允许的应用协议才能通过防火墙，所以网络环境更安全。防火墙可以禁止诸如不安全的 NFS 协议进出受保护的网络，使攻击者不可能利用这些脆弱的协议来攻击内部网络。防火墙同时可以保护网络免受基于路由的攻击，如 IP 选项中的源路由攻击和 ICMP 重定向路径。防火墙能够拒绝所有以上类型攻击的报文，并将情况及时通知防火墙管理员。

② 强化网络安全策略

通过以防火墙为中心的安全方案配置能将所有安全软件（如口令、加密、身份认证等）配置在防火墙上。与将网络安全问题分散到各个主机上相比，防火墙的集中安全管理更经济。例如，在网络访问时，一次一密口令系统和其他的身份认证系统完全可以不必分散在各个主机上而应集中在防火墙。

③ 对网络存取和访问进行监控审计

由于所有的访问都必须经过防火墙，所以防火墙就不仅能够制作完整的日志记录，而且还能够提供网络使用情况的统计数据。当发生可疑动作时，防火墙能进行适当的报警，并提供网络是否受到监测和攻击的详细信息。另外，收集一个网络的使用和误用情况也是一项非常重要的工作。这不仅有助于了解防火墙的控制是否能够抵挡攻击者的探测和攻击，了解防火墙的控制是否充分有效，而且有助于作出网络需求分析和威胁分析。

④ 防止内部信息的外泄

通过利用防火墙对内部网络的划分，可实现内部网中重点网段的隔离，限制内部网络中不同部门之间互相访问，从而保障了网络内部敏感数据的安全。另外，隐私是内部网络非常关心的问题，一个内部网络中不引人注意的细节可能包含了有关安全的线索而引起外部攻击者的兴趣，甚至由此而暴露了内部网络的某些安全漏洞。使用防火墙就可以隐藏那些透露内部细节的服务，如 Finger、DNS 等。Finger 显示了主机的所有用户的用户名、真名、最后登录时间和使用 Shell 类型等。由于 Finger 显示的信息非常容易被攻击者获悉，由此，攻击者可以知道一个系统使用的频繁程度，这个系统是否有用户在连线上网，这个系统是否在被攻击时引起注意等。防火墙可以同样阻塞有关内部网络的 DNS 信息，这样一台主机的域名和 IP 地址就不会被外界所了解。

（2）防火墙工作原理

① 包过滤防火墙

包过滤防火墙一般在路由器上实现，用以过滤用户定义的内容，如 IP 地址。包过滤防火墙的工作原理是系统在网络层检查数据包，与应用层无关。这样系统就具有很好的传输性能，可扩展能力强。但是，包过滤防火墙的安全性有一定的缺陷，因为系统对应用层信息无感知，也就是说，防火墙不理解通信的内容，所以可能被黑客所攻破。

② 应用网关防火墙

应用网关防火墙检查所有应用层的信息包，并将检查的内容信息放入决策过程，从而提高网络的安全性。然而应用网关防火墙是通过打破客户机/服务器模式实现的。每个客户机/服务器通信需要两个连接：一个是从客户端到防火墙，另一个是从防火墙到服务器。另外，每个代理需要一个不同的应用进程，或一个后台运行的服务程序，对每个新的应用必须添加针对此应用的服务程序，否则不能使用该服务。所以，应用网关防火墙具有可伸缩性差的缺点。

③ 状态检测防火墙

状态检测防火墙基本保持了简单包过滤防火墙的优点，性能比较好，同时对应用是透明的。这种防火墙摒弃了简单包过滤防火墙仅仅考察进出网络的数据包，不关心数据包状态的缺点，在防火墙的核心部分建立状态连接表，维护了连接，将进出网络的数据当成一个个的事件来处理。可以这样说，状态检测包过滤防火墙规范了网络层和传输层行为，而应用代理型防火墙则是规范了特定的应用协议上的行为。

④ 复合型防火墙

复合型防火墙是指综合了状态检测与透明代理的新一代的防火墙，进一步基于 ASIC 架构，把防病毒、内容过滤整合到防火墙里，其中还包括 VPN、IDS 功能，多单元融为一体，是一种新突破。常规的防火墙并不能防止隐蔽在网络流量里的攻击，在网络界面对应用层扫描，把防病毒、内容过滤与防火墙结合起来，这体现了网络与信息安全的新思路。它在网络边界实施 OSI 第七层的内容扫描，实现了实时在网络边缘部署病毒防护、内容过滤等应用层服务措施。

5）机　柜

机柜是存放设备和线缆交接的地方。机柜以 U 为单元区分（1 U=44.45 mm）标准的机柜为：宽度为 600 mm，一般情况下，服务器机柜的深≥800 mm，而网络机柜的深≤800 mm。表 2.1 为网络机柜规格。

表 2.1　网络机柜规格表

产品名称	用户单元	规格型号（宽×深×高）	产品名称	用户单元	规格型号（宽×深×高）
普通墙柜系列	6U	530×400×300	普通网络机柜系列	18U	600×600×1 000
	8U	530×400×400		22U	600×600×1 200
	9U	530×400×450		27U	600×600×1 400
	12U	530×400×600		31U	600×600×1 600
普通服务器机柜系列（加深）	31U	600×800×1 600		36U	600×600×1 800
	36U	600×800×1 800		40U	600×600×2 000
	40U	600×800×2 000		45U	600×600×2 200

网络机柜一般分普通墙柜和普通服务器，如图 2.39 和 2.40 所示。

图 2.39　挂墙机柜

图 2.40　服务器机柜

任务总结

传输介质和网络连接器件及网络通信设备作为构架综合布线系统的基础硬件，其重要性不言而喻。在系统设计过程中，对传输介质、网络连接设备和相关的连接硬件选择正确与否、其质量的好坏和设计是否合理，直接影响到综合布线系统的可靠性和稳定性。本章主要从传输介质、常见网络通信设备和网络工程施工过程中常用工具进行了介绍。

任务巩固

（1）为自己选购一条质优简练的网络跳线。
（2）在工程施工时熟悉工程工具，做到得心应手。

任务测试

请根据本章所学知识回答本章任务分析中所提到的 3 个问题。

第 3 章 工程制图识图篇

任务引导

网络综合布线系统工程图是指导工程施工的依据,几乎贯穿了整个工程项目全部过程。施工人员要严格按照工程图纸进行布线和施工;监理人员要依据设计图纸对工程进行监理和检查;业主也要按照图纸对整个工程进行测试和验收。因此,网络综合布线系统工程图对整个综合布线起到了决定性的作用。本章内容对应的岗位为网络设计工程师(制图员)。要想成为一名工作轻松、拥有良好办公环境的都市白领,这一篇的学习请一定不要错过。

主人公简介

姓名:小丽
性别:女
年龄:24
职业:网络设计工程师
职责:按照客户需求,完成综合布线工程图纸的绘制。
性格:开朗、稳重、有活力、待人热情真诚。
目标:快乐工作,快乐生活。

本期工程

小丽所在的**科技有限公司最近获得了一个**大学学生公寓综合布线工程,公司老总将这个项目的工程绘图工作交给小丽,小丽按照用户的实际需求,对学生公寓综合布线工程进行了规划,完成了工程设计绘图的工作要求。

四川信息职业技术学院学生公寓综合布线工程

1. 川信学院校园网简述

川信学院校园网于 200×—200× 年期间实施了一次核心层网络设备的升级改造工作。校园网改造后,核心设备采用热备技术,采用双万兆相互连接,网络核心设备与负责校园网各楼宇的网络汇聚设备采用千兆互联,其中位于主楼网管中心的核心交换机经校园网防火墙与 Internet 骨干网连接。目前川信学院校园网的接口带宽达到千兆,能基本满足全员师生日常工作生活需要。

2．布线工程需求描述

本次学生公寓综合布线工程涉及信息点约为 3 606 点，公寓共有 6 栋学生宿舍，每栋宿舍为 5 层，每层共有 30 间宿舍，本次工程需要对每个房间布设 4 个信息点，在每楼层左右两侧布置两个机柜，用于放置本楼层的接入交换机及楼层汇聚交换机，总各楼层汇聚交换机再汇聚到本楼的楼宇交换机。

3．光纤敷设工程需求描述

学生宿舍楼宇间使用单模光纤通过星形结构走架空方式汇聚到综合楼 12 楼×00 房间，各个学生宿舍楼之间使用单模光纤通过星形结构走地下电信井连接。

4．布线产品要求描述

本布线工程中建议使用以下厂商的布线产品：TCL、兰贝、鼎志、奇胜、普天。

5．工期要求

要求工程在 200×年×月×日前完成施工，并交付使用。

任务分析

本期工程中小丽的具体任务是按照项目经理的设计要求完成工程图纸的制作，通过工程绘图，将工程设计直接体现，指导工程施工，让工程设计人员、工程施工人员对工程有一个整体的把握。作为一名从事多年工程绘图的工程师，小丽根据自己职业成长经验，归纳总结了绘图人员应掌握的几个基本问题：

（1）弱电工程制图的必备知识？

（2）综合布线工程有哪些图需要制作？

（3）绘图常用软件的使用？

问题1：弱电工程制图的必备知识

1．百科知识

1）设计参考图集

在综合布线系统图纸设计过程中，所采用的主要参考图集是《智能建筑弱电工程设计施工图集（97×700）》。该图集由中国建筑标准设计研究所与工程建设标准设计分会弱电专业委员会联合主编，由中华人民共和国建设部1998年4月16日批准。该图集包括智能建筑弱电系统共11个系统的设计，具体如下：通信系统，综合布线系统，火灾报警与消防控制系统，安全防范系统，楼宇设备自控系统，公用建筑计算机经营管理系统，有线电视系统，服务性广播系统，厅堂扩声系统，声像节目制作与电化教学系统，呼应信号及公共显示系统。

2）通信工程制图的整体要求和统一规定

通信工程制图执行的标准是信息产业部〔2007〕532号文件发布的YD/T 5015—2007《电信工程制图和图形符号规定》。

（1）制图的整体要求

① 根据表述对象的性质，论述的目的与内容，选取适宜的图纸及表达手段，以便完整地表述主题内容。

② 图面应布局合理、排列均匀、轮廓清晰和便于识别。

③ 应选取合适的图线宽度，避免图中的线条过粗或过细。

④ 正确使用国标和行标规定的图形符号。派生新的符号时，应符合国标图形符号的派生规律，并应在适合的地方加以说明。

⑤ 在保证图面布局紧凑和使用方便的前提下，应选择适合的图纸幅面，使原图大小适中。

⑥ 应准确地按规定标注各种必要的技术数据和注释，并按规定进行书写和打印。

⑦ 工程设计图纸应按规定设置图衔，并按规定的责任范围签字，各种图纸应按规定顺序编号。

（2）制图的统一规定

① 图幅尺寸

工程设计图纸幅面和图框大小应符合国家标准GB/T 6988.1—1997《电气技术用文件的编制 第1部分：一般要求》的规定，一般采用A0、A1、A2、A3、A4图纸幅面（实际工程设计中，只采用A4一种图纸幅面，以利于装订和美观）。

当上述幅面不能满足要求时，可按照GB 4457.1—84《机械制图图纸幅面及格式》的规定加大幅面，也可在不影响整体视图效果的情况下分割成若干张图绘制（目前大多采用这种方式）。

根据表述对象的规模大小、复杂程度、所要表达的详细程度、有无图衔及注释的数量来选择较小的适合幅面。

② 图线型式及用途

线型分类及用途见表3.1。

第3章 工程制图识图篇

表 3.1　综合布线系统工程图常见线型

图线名称	图线型式	一般用途
实线	———————	基本线条：图纸主要内容用线，可见轮廓线
虚线	- - - - - - - - -	辅助线条：屏蔽线、机械连接线、不可见轮廓线、计划扩展内容用线
点画线	—·—·—·—·—	图框线：表示分界线、结构图框线、功能图框线、分级图框线
双点画线	—··—··—··—	辅助图框线：表示更多的功能组合或从某种图框中区分不属于它的功能部件

图线的宽度一般从这些数值中选用：0.25 mm、0.35 mm、0.5 mm、0.7 mm、1.0 mm、1.4 mm。

通常只选用两种宽度的图线，粗线的宽度为细线宽度的两倍，主要图线粗些，次要图线细些。对于复杂的图纸也可采用粗、中、细三种线宽，线的宽度按 2 的倍数依次递增，但线宽种类也不宜过多。绘图时，应使图形的比例和配线协调恰当、重点突出、主次分明。在同一张图纸上，按不同比例绘制的图样及同类图形的图线粗细应保持一致。细实线是最常用的线条，在以细实线为主的图纸上，粗实线主要用于主回路线、图纸的图框及需要突出的设备、线路、电路等处。指引线、尺寸线、标注线应使用细实线。

需区分新装的设备时，粗线表示新建的设施，细线表示原有设施，虚线表示规划预留部分。在改建的工程图纸上，拆除的设备及线路用"×"来标注。

平行线之间的最小间距不宜小于粗线宽度的两倍，且不能小于 0.7 mm。

③ 比例

对于建筑平面图、平面布置图、通信管道图、设备加固图及零部件加工图等图纸，应有比例要求，对于通信线路图、系统框图、电路组织图、方案示意图等类图纸则无比例要求。

对平面布置图和区域规划性图纸，推荐的比例为 1∶10、1∶20、1∶50、1∶100、1∶200、1∶500、1∶1 000、1∶2 000、1∶5 000、1∶10 000、1∶50000 等。对于设备加固图及零部件加工图，推荐的比例为 1∶2、1∶4 等。应根据图纸表达的内容深度和选用的图幅，选择适合的比例，并在图纸上及图中相应栏目处注明。

特别说明，对于通信线路图纸，为了更为方便的表达周围环境情况，一张图中可有多种比例，或完全按示意性图纸绘制。

④ 尺寸标注（见图 3.1）

⑤ 字体及书写

图纸中书写的文字（包括汉字、字母、数字、代号等）均应字体工整、笔划清晰、排列整齐、间隔均匀，其书写位置应根据图面妥善安排，不能出现线压字或字压线的情况，否则会严重影响图纸质量，同时也不利于施工人员看图。

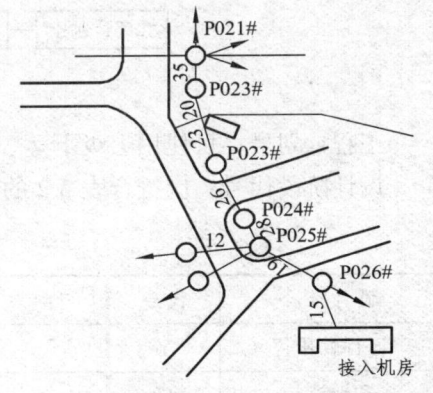

图 3.1　尺寸标注

文字多时宜放在图的下面或右侧。文字书写应从左向右横向书写，标点符号占一个汉字的位置。中文书写时，应采用国家正式颁布的简化汉字，宜采用宋体或长仿宋字体。图中的"技术要求"、"说明"或"注"等字样，应写在具体文字内容的左上方，并使用比文字内容大一号的字体书写，标题下均不画横线。具体内容多于一项时，应按下列顺序号排列：

- 1、2、3……
- (1)、(2)、(3)……
- ①、②、③……

图中的数字，均应采用阿拉伯数字表示。计量单位应使用国家颁布的法定计量单位。

⑥ 图衔

图衔就是位于图纸右下角的"标题栏"。各个设计单位都非常重视"标题栏"的设置，它们都会把经过精心设计的带有各自特色的"标题栏"放置在设计模板中，设计人员只能在规定模板中绘制图纸，而不会去另行设计图衔。

电信工程常用标准图衔为长方形，大小宜为 30 mm×180 mm（高×长）。

图衔应包括图名、图号、设计单位名称、单位主管、部门主管、总负责人、单项负责人、设计人、审校核人等内容。

图 3.2 是一种常见的图衔设计。从图中可以看出：第一，"设计单位名称"或"图名"占整个图衔长度的一半；第二，图衔的外框必须加粗，其线条粗细应与整个大图图框一致。

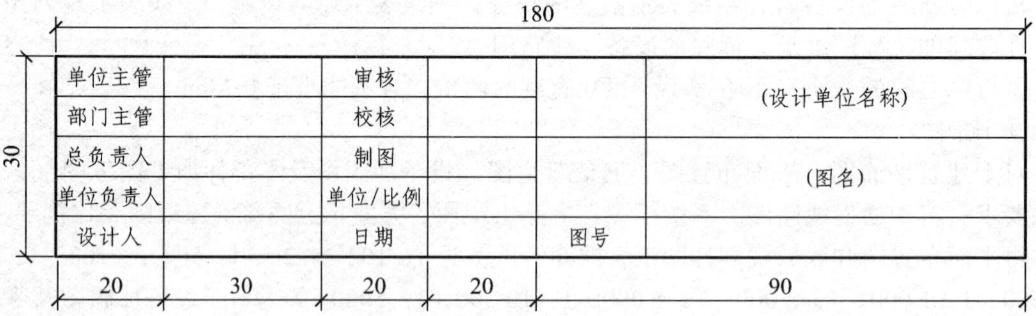

单位主管		审核		（设计单位名称）
部门主管		校核		
总负责人		制图		（图名）
单位负责人		单位/比例		
设计人		日期		图号
20	30	20	20	90

图 3.2 图衔示例

⑦ 图形编号

图纸编号的编排应尽量简洁，设计阶段一般图纸编号的组成分为四段，如图 3.3 所示。

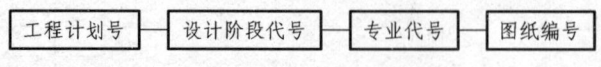

工程计划号 — 设计阶段代号 — 专业代号 — 图纸编号

图 3.3 图纸编号

工程计划号：可使用上级下达、客户要求或自行编排的计划号。

设计阶段代号：应符合表 3.2 的规定。

表 3.2 设计阶段代号

设计阶段	代号	设计阶段	代号	设计阶段	代号
可行性研究	Y	初步设计	C	技术设计	J
规划设计	G	方案设计	F	设计投标书	T
勘察报告	K	初设阶段的技术规范书	CJ	修改设计	在原代号后加 X
引进工程询价书	YX	施工图设计、一阶段设计	S		

常用专业代号应符合表 3.3 的规定（表中代号均为汉语拼音缩写）。

表 3.3　专业名称代号

名称	代号	名称	代号
光缆线路	GL	电缆线路	DL
海底光缆	HGL	通信管道	GD
光传播设备	GS	移动通信	YD
无线接入	WJ	交换	JH
数据通信	SJ	计费系统	JF
网管系统	WG	微波通信	WB
卫星通信	WT	铁塔	TT
同步网	TBW	信令网	XLW
通信电源	DY	电源监控	DJK

⑧ 注释、标志和技术数据

当含义不便于用图示方法表达时，可以采用注释。当图中出现多个注释或大段说明性注释时，应当把注释按顺序放在边框附近。有些注释可以放在需要说明的对象附近；当注释不在需要说明的对象附近时，应使用指引线（细实线）指向说明对象。

标志和技术数据应该放在图形符号的旁边。当数据很少时，技术数据也可以放在矩形符号的方框内；数据较多时可用分式表示，也可以用表格形式列出。

当用分式表示时，可采用以下模式：

$$A-B$$
$$N——F$$
$$C-D$$

式中，N 为设备编号，一般靠前或靠上放；A、B、C、D 为不同的标注内容，可增可减；F 为敷设方式，应靠后放；当设计中需表示本工程前后有变化时，可采用斜杠方式：（原有数）/（设计数），当设计中需表示本工程前后有增加时，可采用加号方式：（原有数）+（增加数）。

平面布置图中可主要使用位置代号或用顺序号加表格说明；系统方框图中可使用图形符号或用方框加文字符号来表示，必要时也可二者兼用；接线图应符合 GB/T 6988.3—1997《电气技术用文件编制》"第 3 部分：接线图和接线表"的规定。安装方式的标注应符合表 3.4 的规定。敷设部位的标注应符合表 3.5 的规定。

表 3.4　安装方式的标注

序号	代号	安装方式
1	W	壁装式
2	C	吸顶式
3	R	嵌入式
4	DS	管吊式

表 3.5 对敷设部位的标注

序号	代号	安装方式
1	M	钢索敷设
2	AB	沿梁或跨梁敷设
3	AC	沿柱或跨柱敷设
4	WS	沿墙面敷设
5	CE	沿天棚面、顶板面敷设
6	SC	吊顶内敷设
7	BC	暗敷设在梁内
8	CLC	暗敷设在柱内
9	BW	墙内埋设
10	F	地板或地板下敷设
11	CC	暗敷设在屋面或顶板内

职场小贴士：
礼节乃是一封通行四方的推荐书。——西班牙女王伊丽莎白

3）识　图

图例是设计人员用来表达其设计意图和设计理念的符号。只要设计人员在图纸中以图例形式加以说明，使用什么样的图形或符号来表示并不重要。但如果设计人员既不想特别说明，又希望读者能明白其意，从而读懂图纸，就必须使用一些统一的图符（图例）。在综合布线工程设计中，部分常用图例如表 3.6 所示。

表 3.6　部分常用图例

图例	说明	图例	说明
▨	FD 楼层配线架	⁄⁄⁄	沿建筑物明铺的通信线路
▨▨	BD 建筑物配线架	⁄⁄⁄	沿建筑物暗铺的通信线路
▨▨▨	CD 建筑群配线架	⏚	接地
⊞	配线箱（柜）	▭	集线器
▭	桥架	⌐	直角弯头
▨	走线槽（明敷）	⊢	T 形弯头
▨	走线槽（暗装）	⌑	单孔信息插座

续表 3.6

图例	说明	图例	说明
	个人计算机		双孔信息插座
	计算机终端		三孔信息插座
	适配器		综合布线系统的互连
	调制解调器		交接间
	光纤或光纤		墙挂式交接箱
	光纤及其参数标注（abc 分别为光缆型号、光纤芯数和光缆长度）		落地式电缆交接箱
	光纤永久接头		落地式光缆交接箱
	光纤或拆卸固定接头		架空电缆交接箱
	光纤连接器（插头—插座）		电缆穿管保护
	架空线路		墙壁预留孔
	墙壁吊挂式		埋式光、电缆上方敷设排流线
	墙壁卡子式		光、电缆预留
	直埋线路		埋式光、电缆铺砖、铺水泥盖板保护
	管道线路		式光、电缆穿管保护
	水底或海底线路		埋式电缆旁边敷设防雷消弧线
	直通型手井		光、电缆蛇形敷设
	双页手井		电缆充气点
	局前入孔		直埋线路标石一般符号
	直角入孔		光、电缆盘留
	斜通型入孔		水线房
	分歧入孔		单杆及杆水线标牌
	埋式双页手井		通信线路巡房

问题2：弱电工程制图的种类

百科知识

1）综合布线工程图的种类

综合布线工程图包括网络拓扑结构图、综合布线系统拓扑（结构）图、综合布线系统管线路由图、楼层信息点分布及管线路由图和机柜配线架信息点布局图等。综合布线工程图应反映以下几个方面的内容：

（1）网络拓扑结构；
（2）进线间、设备间、电信间的设置情况、具体位置；
（3）布线路由、管槽型号和规格、埋设方法；
（4）各层信息点的类型和数量，信息插座底盒的埋设位置；
（5）配线子系统的缆线型号和数量；
（6）干线子系统的缆线型号和数量；
（7）建筑群子系统的缆线型号和数量；
（8）FD、BD、CD、光纤互连单元（LIU）的数量和分布位置；
（9）机柜内配线架及网络设备分布情况，缆线成端位置。

2）综合布线系统结构图

综合布线系统结构图作为全面概括布线系统全貌的示意图，主要描述进线间、设备间、电信间的设置情况，各布线子系统缆线的型号、规格和整体布线系统结构等内容。

3）综合布线系统管线路由图

综合布线系统管线路由图主要反映主干（建筑群和干线子系统）缆线的布线路由、桥架规格、数量（或长度）、布放的具体位置和布放方法等。某园区光缆布线路由图如图3.4所示。

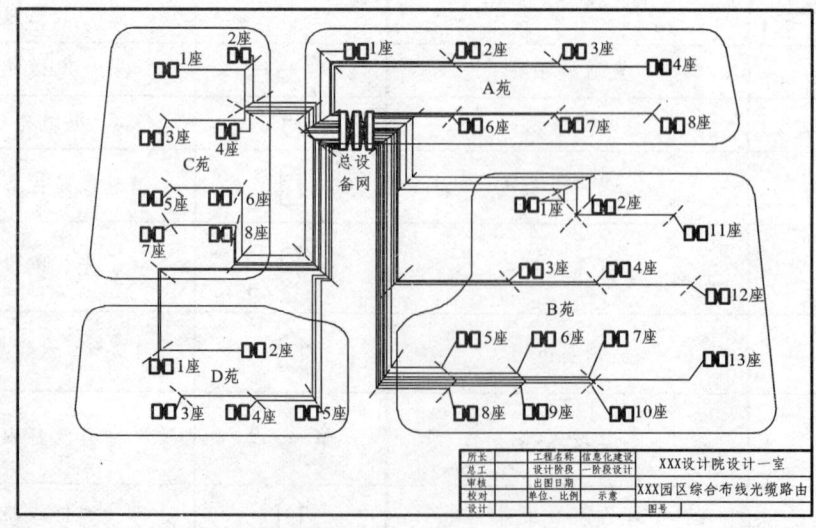

图3.4 综合布线系统管线路由图

4）楼层信息点分布及管线路由图

楼层信息点分布及管线路由图反映相应楼层的布线情况，包括该楼层的配线路由和布线方法，配线用管槽的具体规格、安装方法及用量，终端盒的具体安装位置及方法等。某住宅楼标准层的信息点分布及管线路由图，如图 3.5 所示。

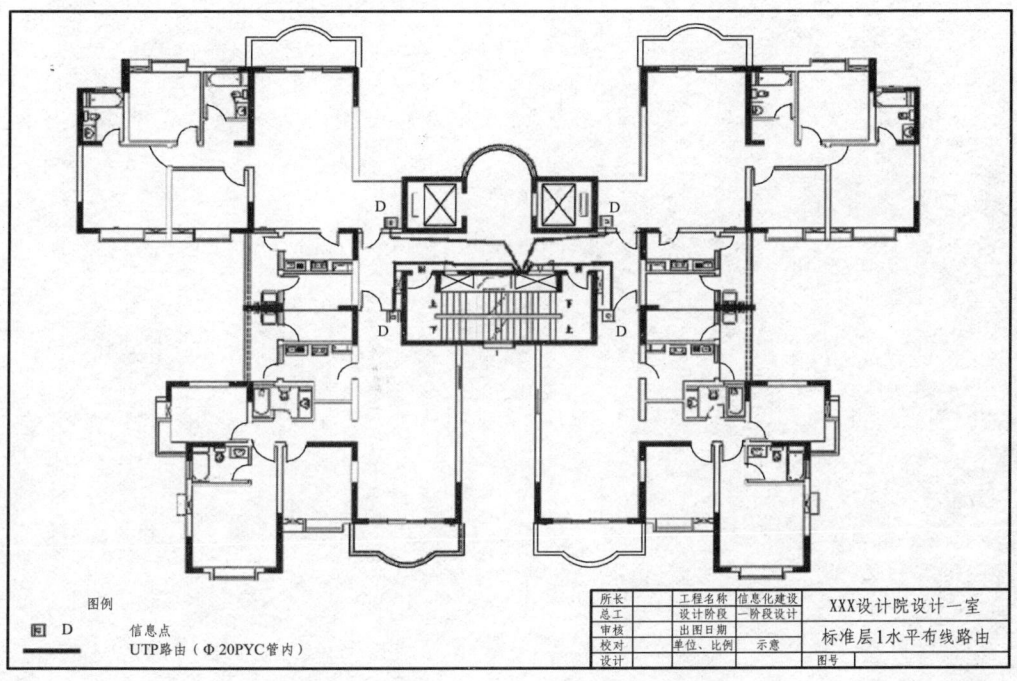

图 3.5　楼层信息点分布及管线路由图

5）机柜配线架分布图

机柜配线架分布图反映机柜中需安装的各种设备，柜中各种设备的安装位置和安装方法，各配线架的用途（分别用来端接什么缆线），各缆线的成端位置（对应的端口），如图 3.6 所示。

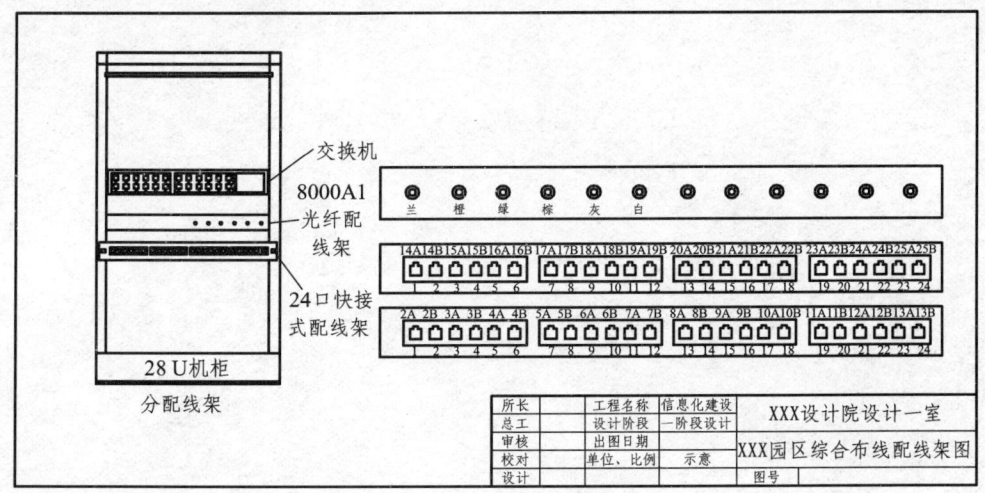

图 3.6　机柜配线架分布图

职场小贴士：
　　微笑是这个世界上能够不断创造奇迹的一种力量。

问题3：弱电工程制图软件

1. 百科知识

1）AutoCAD

AutoCAD 是由美国 Autodesk（欧特克）公司于 20 世纪 80 年代初，为微机上应用 CAD 技术而开发的绘图程序软件包，已成为国际上广为流行的绘图工具。在综合布线工程设计中，AutoCAD 常用于绘制综合布线系统管线路由图、楼层信息点分布图、机柜配线架布局图等。

下面有 10 种常用基本命令，掌握它们即可初步使用 AutoCAD 软件绘制基本图形对象。

（1）鼠标操作

通常情况下左键代表选择功能，右键代表确定"回车"功能。如果是 3D 鼠标，则滚动键起缩放作用。拖拽操作是按住鼠标左键不放拖动鼠标。但是在窗口选择时从左往右拖拽和从右往左拖拽有所不同。

窗选：从左到右拖拽选中实线框内的物体。

框选：从右到左拖拽选中虚线框内的物体和交叉的物体。

（2）ESC 取消操作

当正在执行命令的过程中，敲击 Esc 键可以中止命令的操作。

（3）撤销放弃操作

AutoCAD 支持无限次撤销操作，单击撤销按钮或输入 u，回车。

（4）确认操作

AutoCAD 中，空格键和鼠标右键等同回车键，都是确认命令，经常用到。

（5）绘制直线

单击工具条直线命令或在命令行中输入 L，回车。在绘图区单击一点或直接输入坐标点，回车，接着指定下一点，回车，重复下一点，或回车结束操作。或者输入"C"闭合。

（6）绘制多段线

多段线是由一条或多条直线段和弧线连接而成的一种特殊的线，还可以具备不同宽度的特征。绘制多段线的快捷键为"PL"，这在三维算量中定义异形截面、手绘墙、梁等时常用。

（7）图形对象修改

由于三维算量软件对绘图功能已针对算量特点改进的很傻瓜化操作，不需要掌握太多的绘图命令，但是修改命令就使用很频繁了。

删除：符合 windows 操作，Del 键最方便。

复制：把一个或多个对象复制到指定的位置，也可以将一个对象连续复制。复制的快捷键为"CP"。例子：复制柱子。单击复制或输入"CP"，选择一个柱子，回车或单击鼠标右键，指定基点，利用 CAD 的捕捉功能单击柱的中心点，单击右键。输入 1 000，回车。一个柱子复制成功。在选择完对象后，根据提示单击"M"，可以多重复制。

移动：移动的快捷键为"M"。操作与"复制"相同。移动与复制功能不同的是，复制是多了一个对象，移动只是改变了对象的位置。

修剪：修剪的快捷键为"TR"。可以按指定的边界剪切不需要的部分。单击修剪工具或输入"TR"，提示选择对象，选择边界对象，单击右键，提示选择对象，左键单击选择剪切后不需要的那部分，单击右键，确定。

延伸：延伸的快捷键为"EX"。用于把延伸对象精确地延伸到目标边界上。操作与剪切相同。这两个命令的特点是：都是先选择目标界限对象，再选择被修改的对象。

（8）对象捕捉用户

在绘图时靠鼠标和眼睛很难精确控制，利用CAD的捕捉功能可以很好地解决这个问题。对象捕捉属于透明命令，即在不退出其他操作的过程中，可以同时使用该命令。绘制直线等其他图形时可以使用捕捉命令。对象捕捉设置：在软件界面下方，右键单击对象捕捉，左键单击设置，弹出对话窗后可以一一进行设置需要的捕捉方式。

（9）图层模式

图层就像一张张透明的硫酸纸，为了更好管理所有的对象，每张上面分别画着墙、柱子、梁等不同类别的对象。为了避免图形太复杂，选择错误，可以从中把不需要看到的这一张先抽出来，也就是关闭该图层。同样也可以对图层进行锁定、冻结或者设置不同的颜色等。

（10）视图缩放命令

实时平移：实时平移的快捷键为"P"。

实时缩放：利用3D鼠标的滚动键滚动可以实现实时缩放。也可以单击，前后移动鼠标实时缩放。

窗口缩放：单击窗口缩放，按下鼠标左键拖动框选需要缩放的区域。

缩放到上一次：单击缩放到上一次，视图将恢复到上一个缩放的视图。

范围缩放：单击范围缩放，系统将所有图形全部显示在屏幕上，并最大限度充满整个屏幕。

2）Visio

Visio作为Microsoft Office组合软件的成员，可广泛应用于电子、机械、通信、建筑、软件设计和企业管理等领域。

Visio具有易用的集成环境、丰富的图表类型和直观的绘图方式，能使专业人员和管理人员快速、方便地制作出各种建筑平面图、管理机构图、网络布线图、机械设计图、工程流程图、电路图等。在综合布线工程设计中，Visio通常用于绘制网络拓扑图、布线系统图和楼层信息点分布及管线路由图等。

2．AutoCAD平面图绘制实例

1）设置绘图环境

启动CAD2010，创建新图，存盘，用A3图纸（420×297）。用limits命令设置绘图边界，左下角（0,0），右上角（420 000, 297 000）。

2）设置图层和线型

用ltscale命令设置全局线型比例，根据limits的大小估计比例因子，可以调整。本例设置为100。如图3.7所示。

3）建立窗户图形块

使用 line 和 offset（偏移）、block 等命令绘制如图 3.7 所示的窗块。

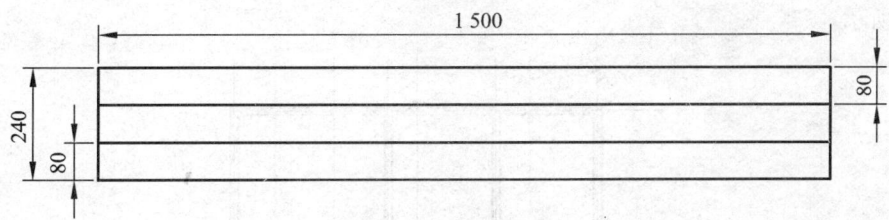

图 3.7　窗户图形块

4）绘制轴线

利用 line 和 offset（偏移）命令绘制如图 3.8 所示的轴线。（由于图形对称，只需画一半的轴线即可。）

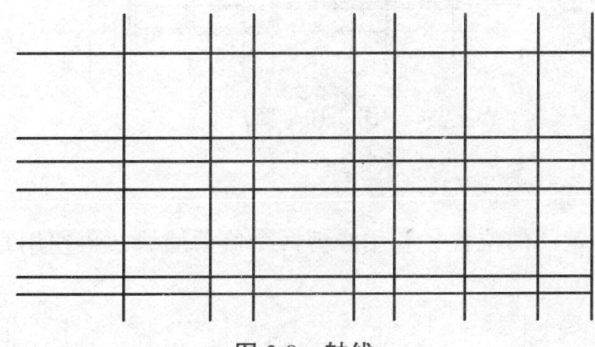

图 3.8　轴线

5）绘制墙线

利用多线命令（设置为：对正=无，比例=墙厚（如 240），样式=stander），先画外墙，再画内墙，利用修剪命令修剪墙角，利用 pline 命令，把墙线转化并合并为多段线，并把线宽设置为 0.5，如图 3.9 所示。

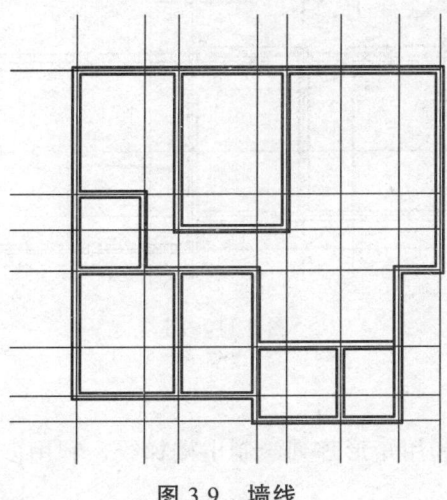

图 3.9　墙线

6）绘制窗户

使用 offset（偏移）偏移轴线，确定窗户位置，利用修剪命令修剪墙线，再插入窗户块，如图 3.10 所示。

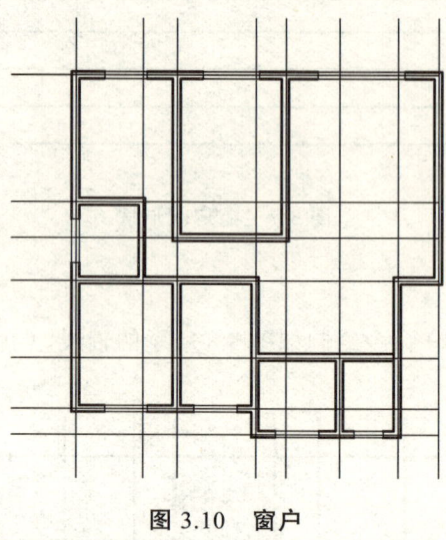

图 3.10　窗户

7）绘制门

利用偏移轴线，确定门的位置，利用修剪命令修剪墙线，再使用直线和圆弧绘制门，如图 3.11 所示。

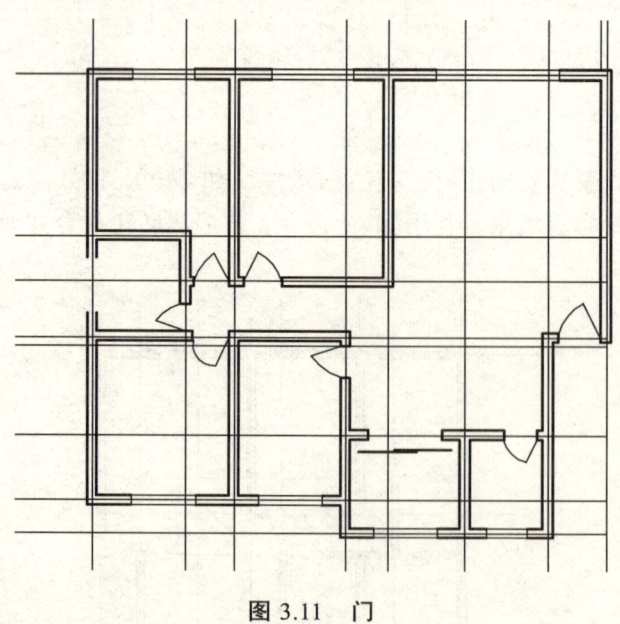

图 3.11　门

8）绘制楼梯

确定楼梯的起始位置，利用矩形阵列绘制出楼梯线，利用多段线绘制出楼梯走向，镜相图形，如图 3.12 所示。

9）标注文字和尺寸

（1）将"文字"层设置为当前层；

（2）新建尺寸和标注样式；

（3）标注文字和尺寸（镜相文字前将"mirrtext"的属性值设置为"0"）。

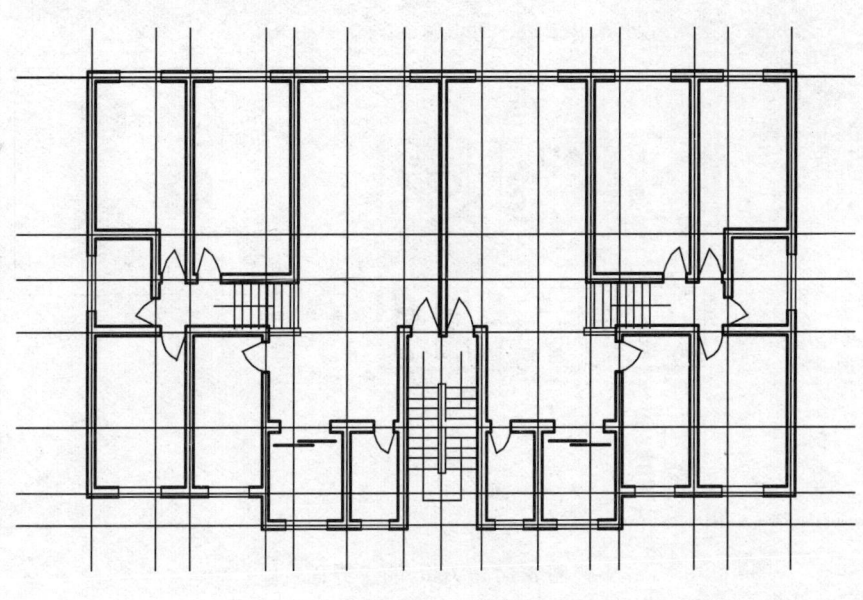

图 3.12　楼梯

3．Visio 平面图绘制实例

在综合布线工程设计中，Visio 通常用于绘制网络拓扑图、布线系统图和楼层信息点分布及管线路由图等。下面请使用 Visio 软件的绘制的简单网络拓扑结构示意图，如图 3.13 所示。

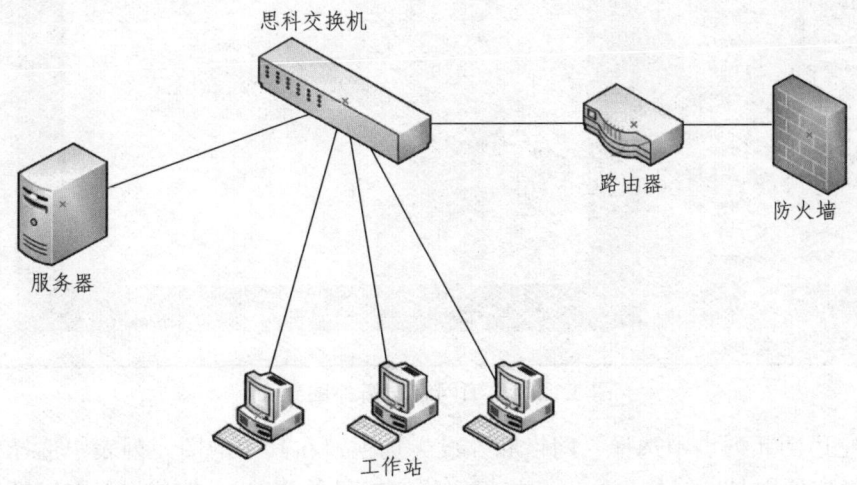

图 3.13　网络拓扑结构示意图

（1）运行 Visio2007 软件，在打开的如图 3.14 所示窗口左边"模板类别"列表中选择"网络"选项，然后在右边窗口中选择一个对应的选项，点击右边的"创建"按钮，或者在

Visio2007 主界面中执行【文件】→【新建】→【网络】菜单下的创建操作，都可打开如图 3.15 所示界面（在此仅以选择"详细网络图"选项为例）。

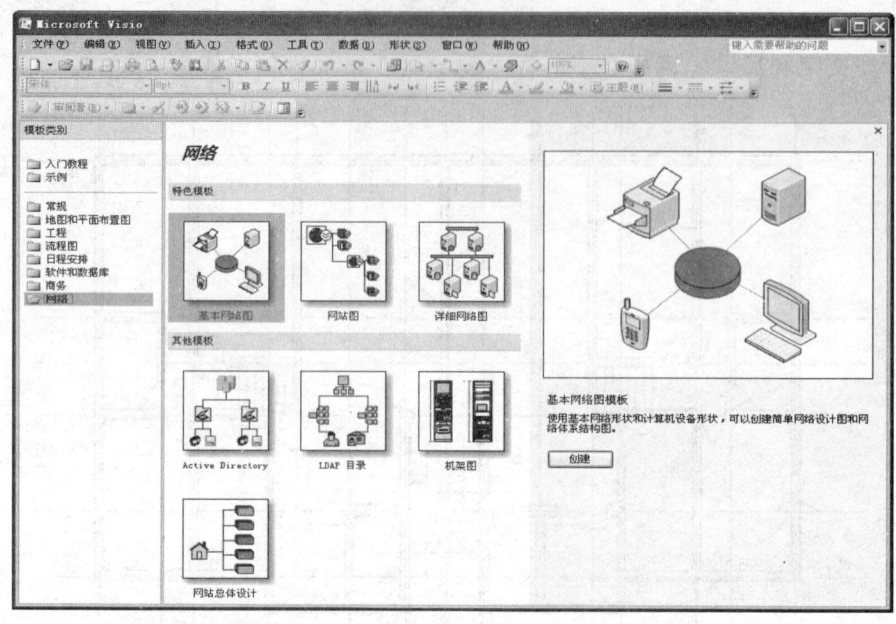

图 3.14　Visio 的主界面

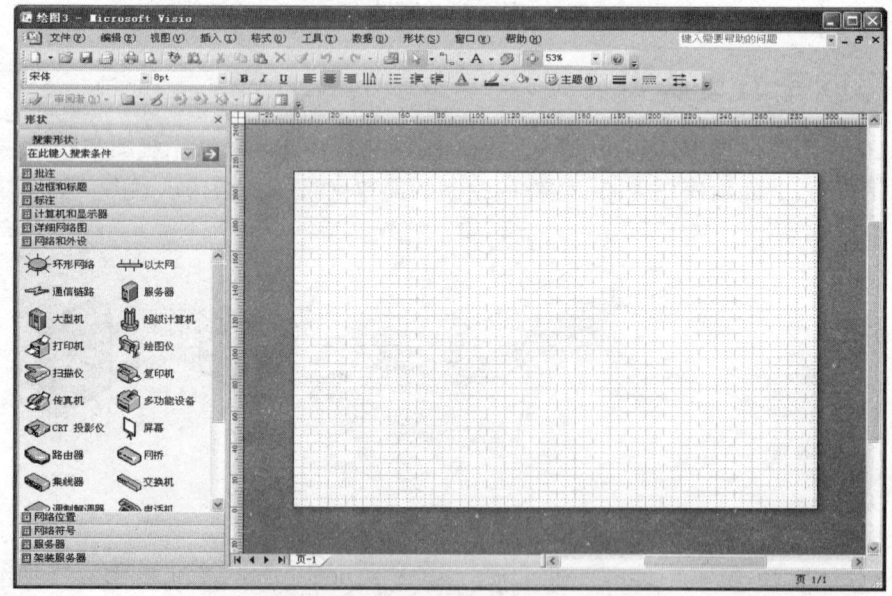

图 3.15　详细网络图拓扑图界面

（2）在左边图元列表中选择"网络和外设"选项，在其中的图元列表中选择"交换机"项（因为交换机通常是网络的中心，首先确定好交换机的位置），按住鼠标左键把交换机图元拖到右边窗口中的相应位置，然后松开鼠标左键，得到一个交换机图元。还可以在按住鼠标左键的同时拖动四周的绿色方格来调整图元大小；通过按住鼠标左键的同时旋转图元顶部的绿色小圆圈，以改变图元的摆放方向；再通过把鼠标放在图元上，然后在出现 4 个方向箭头时按住鼠标左键可以调整图元的位置。通过双击图元可以查看它的放大图。

（3）要为交换机标注型号可单击工具栏中的 A· 按钮，即可在图元下方显示一个小的文本框，此时可以输入交换机型号，或其他标注，如图3.16所示。输入完后在空白处单击鼠标即可完成输入，图元又恢复原来调整后的大小。

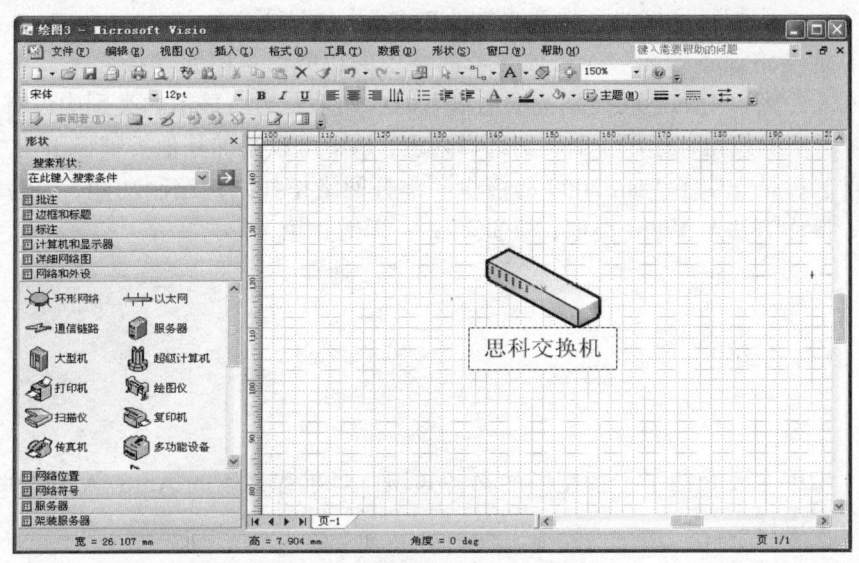

图3.16　在图元处输入标记

（4）以同样的方法添加一台服务器，并把它与交换机连接起来。服务器的添加方法与交换机一样，在此只介绍交换机与服务器的连接方法。在Visio2007中介绍的连接方法很复杂，其实可以不用管它，只需使用工具栏中的 连接线工具进行连接即可。在选择了该工具后，单击要连接的两个图元之一，此时会有一个红色的方框，移动鼠标选择相应的位置，当出现紫色星状点时按住鼠标左键，把连接线拖到另一图元，注意此时如果出现一个大的红方框则表示不宜选择此连接点，只有当出现小的红色星状点即可松开鼠标，连接成功。图3.17所示为交换机一台服务器的连接。

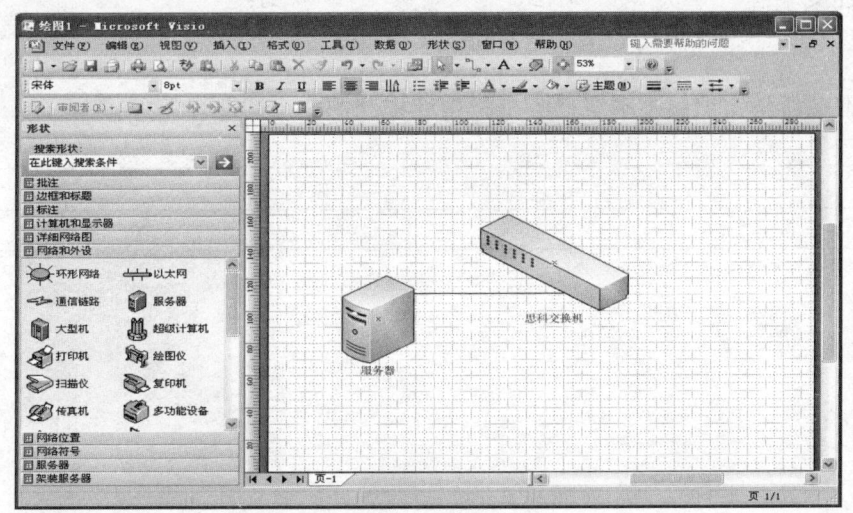

图3.17　图元之间的连接示例

提示：在更改图元大小、方向和位置时，一定在工具栏中选择"选取"工具，否则不会出现图元改变大小、方向和位置的方点和圆点，无法调整。要整体移动多个图元的位置，可在同时按住【Ctrl】和【Shift】两键的情况下，按住鼠标左键拖动选取整个要移动的图元，当出现一个矩形框，并且鼠标呈 4 个方向箭头时，即可通过拖动鼠标移动多个图元了。要删除连接线，只需先选取相应连接线，然后再按【Delete】键即可。

（5）把其他网络设备图元一一添加并与网络中的相应设备图元连接起来，当然这些设备图元可能会在左边窗口中的不同类别选项窗格下面。如果左边已显示的类别中没有包括，则可通过单击工具栏中的按钮，打开一个类别选择列表，从中可以添加其他类别显示在左边窗口中。

说明：以上只是介绍了 Visio2007 的极少一部分网络拓扑结构绘制功能，因为它的使用方法比较简单，操作方法与 Word 类似，在此不一一详细介绍了。

 **任务总结**

小丽在本篇中主要介绍了工程制图的必备知识，对工程常用的 AutoCAD 软件和 Visio 软件的使用进行了讲解。

 **任务巩固**

（1）熟悉了解工程制图中的常用图集。
（2）根据实际情况使用 AutoCAD 软件绘制楼层信息点分布及管线路由图。
（3）了解本校网络情况使用 Visio 绘制校园网网络拓扑图。

 **任务测试**

请根据本章所学知识回答本章任务分析中所提到的 3 个问题。

第 4 章 工程网络设计篇

 **任务引导**

在综合布线工程中,前期的网络工程设计对整个网络工程后期的实施尤为重要。在工程网络设计中一般包含对整个工程方案的建构、网络拓扑图的选择与设计以及在施工过程中设备调试等知识。通过本章的学习,我们将了解在综合布线工程中工程网络架构、网络拓扑图和交换机、路由基本配置。本篇内容主要涉及网络选择、规划及网络配置,这些技能掌握在网络设计工程师的手中,学会它你不但可以搭建网络还可以根据需要对网络进行维护。

 **主人公简介**

姓名:小黄
性别:男　年龄:26
职业:网络设计工程师
职责:按照工程实际设计满足用户需求的网络系统。
性格:善于思考,爱整洁,时间观念强。
目标:成名一名高级 CCIE。

 **本期任务**

小黄所在的**科技有限公司最近在为四川信息职业技术学院建设一间网络工程实训室,用以满足学院学生网络通信管理的学习、练习需求。公司将这个实训室的网络规划任务交给了小黄,让小黄尽快拿出网络设计方案。

四川信息职业技术学院网络工程实训室工程描述

四川信息职业技术学院网络工程实训室于 2011 年立项,2012 年投入使用,项目预计投资 68 万,实训室共需 6 组实验设备,其中包括 24 台交换机、12 台路由器、6 台防火墙、1 台 6T 服务器、1 个 IP 语音实验平台。该实训室能同时容纳 50 名学生进行训练操作,主要服务于计算机网络技术、软件技术、通信技术等相关专业,承担《计算机网络通信》、《综合布线技术》、《局域网配置》等课程的的实训任务,学生通过训练能完成交换机、路由器、防火墙、IP 语音电话等网络通信设备的基本配置,可以达到计算机网络工程师相关标准。

1. 实训室建设目标

(1) 实训室建设网络运行稳定、速度快；

(2) 整个实训室建设完成后具有良好的扩展性，为以后升级余留了空间；

(3) 实训室建设通信设备管理容易、可操作性强、实用性强；

(4) 整个实训室可以通过校园网访问 Internet；

(5) 实训室通信设备可以满足网络通信实训课程练习配置的需求。

2. 实训室建设内容

(1) 开放实训设备。

近年来随着国家对高等职业院校建设的重视，高职教育已进入快速发展时期，各所高职院校积极发展、扩大招生规模，导致实验教学压力剧增，因此开放性实训室现今已成为高校实训室管理的必由之路。开放管理的涵义就是对学生开放学习、对教学智能管理。学生能自主进入实训室，根据自己的实际情况自由地安排学习和活动时间，而不受限于实训室开放时间的影响。

(2) 实训室业务扩展。

实训室业务主要为培训提供教学教材实训设备，为学生与教师的学习交流提供服务，同时面向社会进行行业技术培训。

(3) 实训室实训项目。

实训室实训项目主要内容有：网络交换机初始化配置；虚拟局域网 VLAN 通信配置；路由器重分布；网络静态路由、动态路由配置；IP 控制访问列表；QOS；NAT/NAPT 地址转换；冗余磁盘阵列 RAID0/1/5；NAS 文件共享；VOIP 设备配置等。

(4) 实训室综合管理。

实训室的管理不仅仅是简化管理员的操作过程，除依靠路由器反向 Telnet 功能实现实训室设备的集中控制外，更加注重实训室的业务层管理，包括实验室远程开放功能、运营管理以及实训过程监控等。

任务分析

本期工程中小黄要完成实训室的网络设计工作，项目工作内容相对简单，小黄轻松地完成了网络的设计。在他的设计中，主要的包含了以下两个问题：

(1) 如何构建工程网络结构？

(2) 如何配置网络通信设备？

问题1：工程网络结构

1. 百科知识

1) 分层网络

在构建满足中小型企业需求的 LAN 时，如果采用分层设计模型，成功的可能性会更大些。与其他网络设计相比较，分层网络更容易管理和扩展，排除故障也更迅速。

分层网络设计需要将网络分成互相分离的层，每层提供特定的功能，这些功能界定了该层在整个网络中扮演的角色。通过对网路的各种功能进行分离，可以实现模块化的网络设计，这样有利于提高网络的可扩展性和性能。典型的分层设计模型可分为三层：接入层、分布层和核心层。图 4.1 所示为一个三层网络设计的例子。

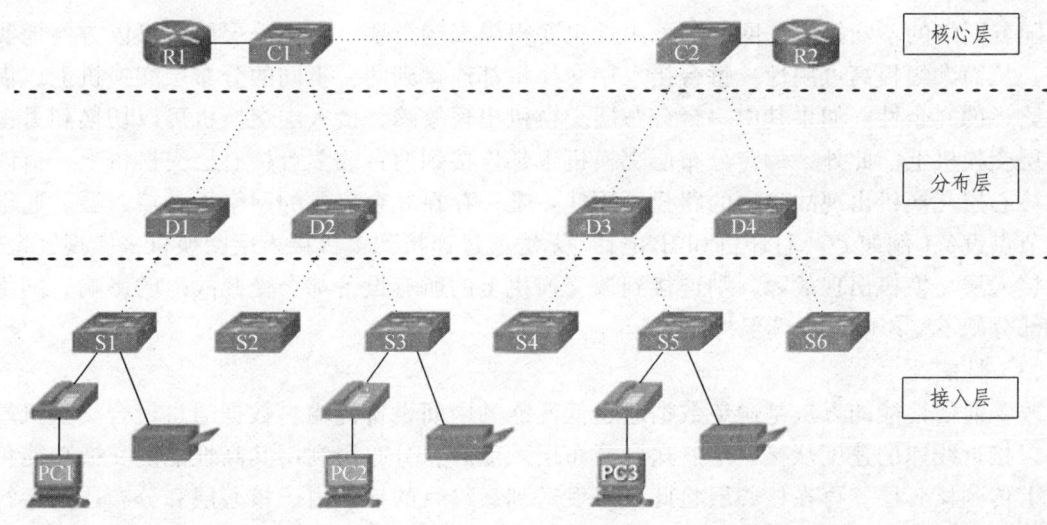

图 4.1 网络三层架构图

（1）接入层

接入层负责连接终端设备（例如 PC、打印机和 IP 电话）以提供对网络中其他部分的访问。接入层中可能包含路由器、交换机、网桥、集线器和无线接入点（AP）。接入层的主要目的是提供一种将设备连接到网络并控制允许网络上的哪些设备进行通信的方法。

（2）分布层

分布层先汇聚接入层交换机发送的数据，再将其传输到核心层，最后发送到最终目的地。分布层使用策略控制网络的通信流并通过在接入层定义的虚拟 LAN（VLAN）之间执行路由（routing）功能来划定广播域。利用 VLAN，可将交换机上的流量分成不同的网段，置于互相独立的子网（subnetwork）内。例如，在大学中，可以分离教师、学生和访客的流量。为确保可靠性，分布层交换机通常是高性能、高可用性和具有高级冗余功能的设备。本课后面，还将学习有关 VLAN、广播域和 VLAN 间路由的知识。

（3）核心层

分层设计的核心层是网际网络的高速主干。核心层是分布层设备之间互联的关键，因此核心层保持高可用性和高冗余性非常重要。核心层也可连接到 Internet 资源。核心层汇聚所有分布层设备发送的流量，因此它必须能够快速转发大量的数据。

2）分层网络优点

（1）可扩展性

分层网络具有很好的可扩展性。设计的模块化允许跟随网络的扩展同步复制设计元素。由于模块的每个实例都是一致的，因此很容易计划和实施网络扩展。例如，如果您的设计模型由每 10 台接入层交换机配两台分布层交换机组成，则可不断添加接入层交换机，直到有 10 台接入层交换机交叉连接到两台分布层交换机上为止，然后才需要向该网络拓扑添加额外的分布层交换机。此外，在添加更多的分布层交换机以容纳接入层交换机的通信负载时，可以添加核心层交换机来处理核心层上增加的负载。

（2）冗余性

随着网络的不断扩大，网络的可用性也变得越来越重要。利用分层网络可以方便地实现冗余，从而大幅提高可用性。每台接入层交换机都连接到两台不同的分布层交换机上，借以确保路径的冗余性。如果其中一台分布层交换机出现故障，接入层交换机可以切换到另一台分布层交换机上。此外，每台分布层交换机也都连接到两台或多台核心层交换机上，借以确保在核心层交换机出现故障时的路径可用性。唯一存在冗余问题的网络层是接入层。通常，终端节点设备（例如 PC、打印机和 IP 电话）无法通过连接到多台接入层交换机来实现冗余性。如果接入层交换机出现故障，则连接到该交换机上的所有设备都会受此故障的影响。网络的其他部分则不受影响，继续保持正常运行。

（3）性能

改善通信性能的方法是避免数据通过低性能的中间设备传输。数据通过聚合交换机端口链路以接近线速的速度从接入层发送到分布层。随后，分布层利用其高性能的交换功能将此流量上传到核心层，再在核心层将此流量发送到最终目的地。由于核心层和分布层的运行速度很高，因此争用网络带宽的问题较少。所以，正确设计的分层网络可以在所有设备之间实现接近线速的速度。

（4）安全性

分层网络设计可以提高网络的安全性并且便于管理。接入层交换机有各种端口安全选项可供配置，通过这些选项可以控制允许哪些设备连接到网络。在分布层还可灵活地选用更高级的安全策略。可以应用访问控制策略，借以定义在网络上部署哪些通信协议以及允许这些协议的流量传送到何方。例如，如果希望限定只有接入层连接的特定用户群才可使用 HTTP，则可在分布层应用一个阻止 HTTP 流量的策略。要根据高层协议（例如 IP 和 HTTP）限制流量，要求交换机能够处理该层的策略。某些接入层交换机支持第 3 层功能，但处理第 3 层数据通常是分布层交换机的任务，因为分布层交换机处理的效率要高得多。

（5）管理便利性

相对而言，分层网络更容易管理。分层设计的每一层都执行特定的功能，并且整层执行的功能都相同。因此，如果需要更改接入层交换机的功能，则可在该网络中的所有接入层交换机上重复此更改，因为所有的接入层交换机在该层上执行的功能都相同。由于几乎无需修改即可在不同设备之间复制交换机配置，因此还可简化新交换机的部署。利用同一层各交换机之间的一致性，可以实现快速恢复并简化故障排除。在某些特殊情形下，两台设备之间的配置可能会不一致，此时请务必妥善记录这些配置，以便在部署之前进行比较。

（6）易于维护性

由于分层网络在本质上是模块化的，并且扩展非常方便，因此维护起来也很容易。而其他网络拓扑设计，随着网络的不断扩大，管理的复杂性也随之不断增加。此外，在某些网络设计模型中，对网络的成长规模有一定的限制，以免网络过于复杂导致维护成本过于高昂。在分层设计模型中，交换机功能在各层统一定义，这样可以更方便地选择适当的交换机。向某一层添加交换机未必能解决其他层的瓶颈问题或其他限制。对于为实现最佳性能而采用的全网状网络拓扑，所有的交换机都必须是高性能的交换机，这是因为每台交换机都必须能够执行网络的全部功能。但在分层模型中，每层交换机的功能并不相同。因此，可以在接入层上使用较便宜的接入层交换机，而在分布层和核心层上使用较昂贵的交换机来实现高性能的网络，这样可以节省资金。

职场小贴士：
　　用手投票或用脚投票，就是别用嘴投票。

问题 2：网络通信设备

1. 百科知识

Cisco Internetwork Operating System（IOS）就是为 Cisco 设备配备的系统软件。它是 Cisco 的一项核心技术，应用于路由器、局域网交换机、小型无线接入点、具有几十个接口的大型路由器以及许多其他设备。可以通过多种方法访问 CLI 环境，最常用的方法有控制台、Telnet 或 SSH、辅助端口。

2. 交换机、路由器配置文件应用

配置文件包含 Cisco IOS 软件命令，这些命令用于自定义 Cisco 设备的功能。每台 Cisco 网络设备包含两个配置文件：

1）运行配置文件——用于设备的当前工作过程中

启动配置文件（startup-config）用于在系统启动过程中配置设备。启动配置文件（即 startup-config 文件）存储在非易失性 RAM（NVRAM）。因为 NVRAM 具有非易失性，所以当 Cisco 设备关闭后，文件仍保持完好。每次路由器启动或重新加载时，都会将 startup-config 文件加载到内存中。该配置文件一旦加载到内存中，就被视为运行配置（即 running-config）

2）启动配置文件——用作备份配置，在设备启动时加载

当网络管理员配置设备时，运行配置文件即被修改。修改运行配置文件会立即影响 Cisco 设备的运行。修改之后，管理员可以选择将更改保存到 startup-config 文件中，下次重启设备时将会使用修改后的配置。因为运行配置文件存储在内存中，所以当关闭设备电源或重新启动设备时，该配置文件会丢失。如果在设备关闭前，没有把对 running-config 文件的更改保存到 startup-config 文件中，那些更改也将会丢失。

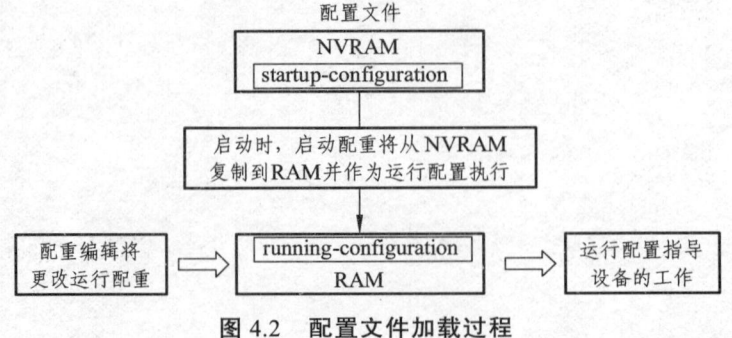

图 4.2 配置文件加载过程

3. 交换机、路由器配置 IOS 模式

交换机和路由器主要配置模式有用户执行模式、特权执行模式、全局配置模式和其他特定配置模式。

4. 交换机、路由器的基本配置命令及模式

交换机、路由器的基本配置命令如表 4.1 所示。

表 4.1 交换机、路由器的基本配置命令

作用	模式	命令	举例
配置主机名	全局	Hostname	HostnameSW1
查看交换机配置	特权	Show running-config	
使能口令	全局	Enable password	Enable password 123
加密保存的使能口令	全局	Enable secret	Enable secret 123
配置 IP 地址	接口	Ip adderss	Ip adderss 192.168.0.1 255.255.255.0
配置交换机网关	全局	Ip default-gateway	Ip default-gateway 192.168.1.254
查看交换机 MAC 地址表	特权	Show mac-address-table	

1）用户模式

交换机启动完成后，按下 Enter 键，首先进入的就是用户模式。在用户模式下用户将受到极大的限制，只能用来查看一些统计信息。

Switch>

2）特权模式

在用户模式下输入 enable（可简写为 en）命令就可以进入特权模式。用户在该模式下可以查看并修改 Cisco 设备的配置。

Switch>enable

Switch#

3）全局配置模式

在特权模式下输入 config terminal（可简写 conft）命令即可进入全局配置模式。用户在该模式下可修改交换机的全局配置，如修改主机名。

Switch#configure terminal

Switch（config）#

4）接口模式

在全局配置模式下输入 interface fastethernet0/1（可简写 int f0/1）就可以进入到接口模式。在这个模式下所做的配置都是针对 f0/1 这个接口所设定的，如设定 IP。

Switch（config）#interface fastEthernet0/1

Switch（config-if）#

5. 为工程网络配置 VLAN

VLAN 是物理设备上连接的不受物理位置限制的用户的一个逻辑组。默认情况下，所有端口都属于 VLAN1，1 个端口只能属于一个 VLAN。VLAN 可以增加安全性、广播控制、充

分利用带宽和减小延迟。VLAN 可分为基于端口划分的静态 VLAN（交换机的端口）和基于 MAC 地址的动态 VLAN。

1) 配置静态 VLAN

（1）创建 VLAN（两种方法）

全局模式下：vlan vlan-id

Name vlan-name

特权模式下：vlan database

Vlan vlan-id name vlan-name

（2）删除 VLAN

全局模式下：nov lan vlan-id

特权模式下：vlan database

Nov lanv lan-id

（3）在 VLAN 中添加、删除端口

全局模式下：interfac einterface-id

switchport mode access

switchport access vlan vlan-id

（4）将多个端口加入 VLAN

例：将端口 5-10 加入 vlan2。

interface rangef0/5-10

switchportmode access

switchport access vlan2

（5）查看 VLAN 的配置

特权模式下：showvlanbrief

职场小贴士：
　　昨晚多几分钟的准备，今天少几个小时的麻烦。

2) 静态路由配置

静态路由是指由用户或网络管理员手工配置的路由信息。当网络的拓扑结构或链路的状态发生变化时，网络管理员需要手工去修改路由表中相关的静态路由信息。静态路由信息在缺省情况下是私有的，不会传递给其他的路由器。当然，网管员也可以通过对路由器进行设置，使之成为共享的。静态路由一般适用于比较简单的网络环境，在这样的环境中，网络管理员易于清楚地了解网络的拓扑结构，便于设置正确的路由信息。

静态路由命令：iproute

Router（config）#ip routenetwork-address subnet-mask{ip-address|exit-interface}

例如：以图 4.3 所示的网络拓扑图为例，静态路由配置如下。

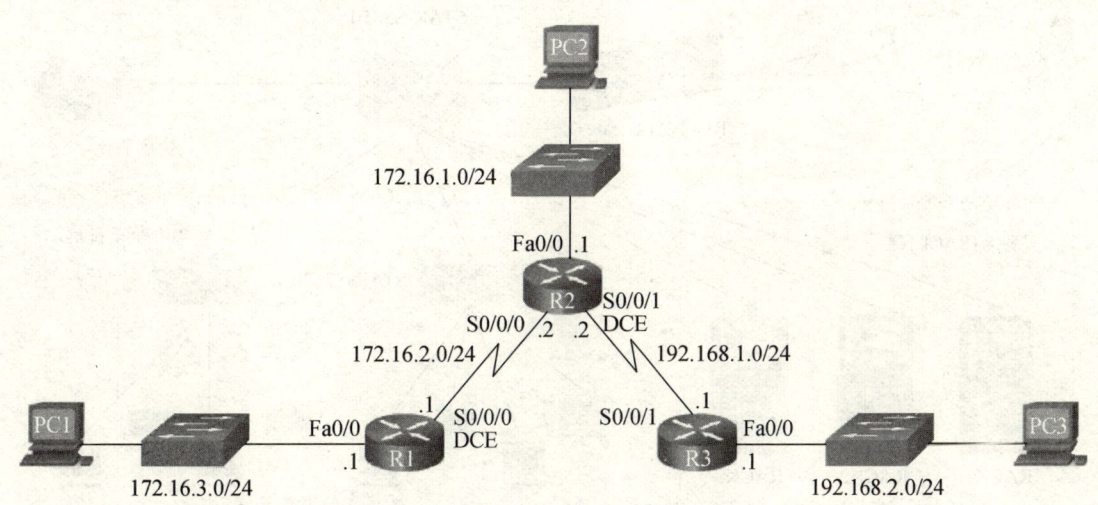

图 4.3　构建静态路由网络拓扑图

配置两个以上远程网络的路由，在 R1 使用命令

-R1（config）#ip route 192.168.1.0 255.255.255.0 172.16.2.2

-R1（config）#ip route192.168.2.0 255.255.255.0 172.16.2.2

其中 192.168.1.0、192.168.2.0 为目的远程网络地址，172.16.2.2 为下一跳地址，路由信息显示如图 4.4 所示。

```
R1(config)#ip route 192.168.1.0 255.255.255.0 172.16.2.2
R1(config)#ip route 192.168.2.0 255.255.255.0 172.16.2.2
R1(config)#end
R1#show ip route
Codes: C - connected, S - static, I - IGRP, R - RIP, M - mobile, B - BGP
       D - EIGRP, EX - EIGRP external, O - OSPF, IA - OSPF inter area
       N1 - OSPF NSSA external type 1, N2 - OSPF NSSA external type 2
       E1 - OSPF external type 1, E2 - OSPF external type 2, E - EGP
       i - IS-IS, L1 - IS-IS level-1, L2 - IS-IS level-2, ia - IS-IS inter area
       * - candidate default, U - per-user static route, o - ODR
       P - periodic downloaded static route

Gateway of last resort is not set

     172.16.0.0/24 is subnetted, 3 subnets
S       172.16.1.0 [1/0] via 172.16.2.2
C       172.16.2.0 is directly connected, Serial0/0/0
C       172.16.3.0 is directly connected, FastEthernet0/0
S    192.168.1.0/24 [1/0] via 172.16.2.2
S    192.168.2.0/24 [1/0] via 172.16.2.2
```

图 4.4　静态路由信息

6. 网络通信机房配置案例

以川信网络工程实训室其中有 3 组锐捷设备为例，该实训室采用三层网络架构（接入层、汇聚层），学生通过实训管理平台对其他设备进行配置，具体网络拓扑图如图 4.5 所示。

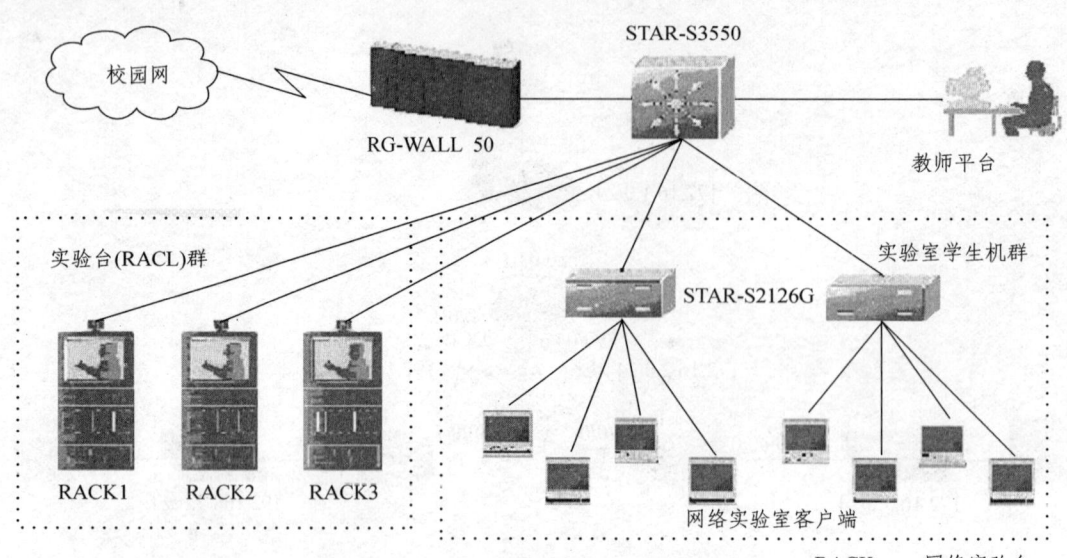

图 4.5 网络通信实训室网络拓扑图

网络通信实训地址规划如表 4.2 所示。

表 4.2 网络通信实验室 IP 地址分配情况表

设备名称	IP 地址段	网关
第 1 组（S-R）	192.168.10.1/24~192.168.10.253/24	172.16.10.254
第 2 组（S-R）	192.168.20.0/24~192.168.10.253/24	172.16.20.254
第 3 组（S-R）	192.168.30.0/24~192.168.10.253/24	172.16.30.254
RACK1（管理平台）	192.168.1.1	192.168.1.254
RACK1（管理平台）	192.168.1.2	192.168.1.254
RACK1（管理平台）	192.168.1.3	192.168.1.254

具体网络配置拓扑如图 4.6 所示，具体配置如下。

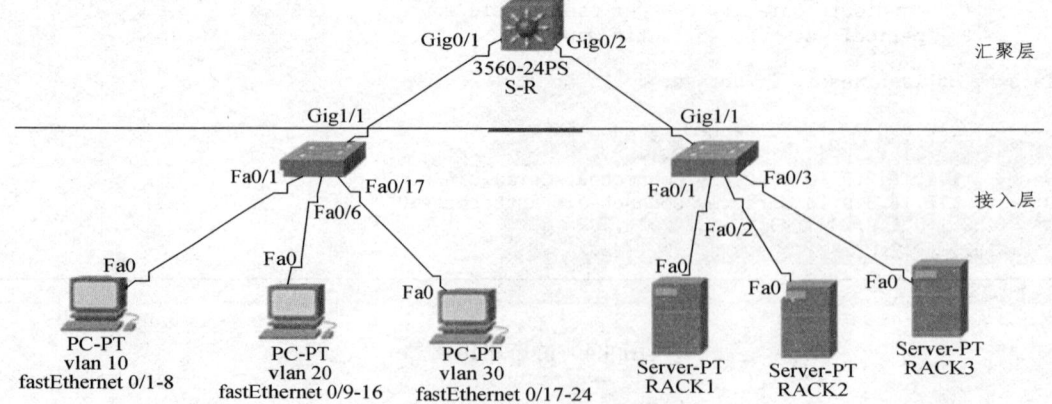

图 4.6 网络配置拓扑

S1 连接的是各主机终端，具体配置如下：
Switch>enable

Switch#conft
Switch（config）#hostname S1
S1（config）#vlan10
S1（config-vlan）#name rack2
S1（config-vlan）#exit
S1（config）#vlan20
S1（config-vlan）#name rack2
S1（config-vlan）#exit
S1（config）#vlan30
S1（config-vlan）#name rack3
S1（config-vlan）#exit
S1（config）#interface range fastEthernet0/1-8 /同时进入一组接口
S1（config-if-range）#switchpor tmode access
S1（config-if-range）#switchpor taccess vlan10
S1（config-if-range）#exit
S1（config）#interface range fastEthernet 0/9-16
S1（config-if-range）#switchport mode access
S1（config-if-range）#switchport access vlan20
S1（config-if-range）#exit
S1（config）#interface range fastEthernet 0/17-24
S1（config-if-range）#switchport mode access
S1（config-if-range）#switchport access vlan30
S1（config-if-range）#exit
S1（config）#interface gigabitEthernet1/1
S1（config-if）#switchportmode trunk
S2连接的是管理平台服务器，具体配置如下：
Switch>enable
Switch#conft
Switch（config）#hostname S2
S2（config）#vlan100
S2（config-vlan）#name management
S2（config-vlan）#exit
S2（config）#interface range fastEthernet0/1-3
S2（config-if-range）#switchpor tmode access
S2（config-if-range）#switchport access vlan100
S2（config-if-range）#exit
S2（config）#interface gigabitEthernet1/1
S-R交换机具有路由功能，能实现不同VLAN间的通信，具体配置如下：
Switch>enable

Switch#conft
Switch（config）#hostname S-R
S-R（config）#vlan10
S-R（config-vlan）#name rack1
S-R（config-vlan）#exit
S-R（config）#vlan20
S-R（config-vlan）#name rack2
S-R（config-vlan）#exit
S-R（config）#vlan30
S-R（config-vlan）#name rack3
S-R（config-vlan）#exit
S-R（config）#vlan100
S-R（config-vlan）#name management
S-R（config-vlan）#exit
S-R（config）#interface vlan10
S-R（config-if）#ip address 192.168.10.1 255.255.255.0
S-R（config-if）#exit
S-R（config）#interface vlan20
S-R（config-if）#ip address 192.168.20.1 255.255.255.0
S-R（config-if）#exit
S-R（config）#interface vlan30
S-R（config-if）#ip address 192.168.30.1 255.255.255.0
S-R（config-if）#exit
S-R（config）#interface vlan100
S-R（config-if）#ip address 192.168.1.1 255.255.255.0
S-R（config-if）#exit

 **任务总结**

　　前期的网络工程设计和网络工程实施过程中的设备调试是综合布线工程的两个重要组成部分，本章主要从网络工程方案的建构、网络拓扑图的选择与设计以及在施工过程中设备调试等知识进行介绍。

 **任务巩固**

（1）熟悉工程中常见的网络交换机、路由器配置管理命令。

（2）练习通过使用交换机 VLAN、路由协议等命令配置维护网络。

 **任务测试**

请根据本章所学知识回答本章任务分析中所提到的两个问题。

第 5 章　工程综合布线设计篇

任务引导

网络综合布线是一项系统工程。本章中所要讲述的系统具体设计，就像一位厨师做出各种美味佳肴，每道菜品的食材选择和烹调顺序就是不同系统的具体设计。

主人公简介

姓名：小杨
性别：男
年龄：24
职业：商务助理
职责：在工程中协助项目经理完成工作，完善工程相关资料文档。
性格：拥有丰富的想象力，喜欢思考问题、憧憬未来。
目标：能为自己的事业而奋斗。

本期工程

小杨所在的**科技网络公司最近获得了一个小型企业办公网网络建设工程，该工程规模小，用户需求相对简单，小杨协助项目经理对企业办公网网络综合布线进行合理的规划，完成解决方案。

工程背景：***企业办公网络建设工程

企业办公网是企业信息及员工通信与交换的中心，其中服务器、网络设备的安全运行直接关系到客户业务的正常运作，因此企业办公网工程必须保证网络和计算机等高级设备能长期而可靠地运行。一个合格的企业办公网，应该是一个安全、可靠、实用、高效、不间断和具有可扩充性的网络。

1．综合布线设计原则

（1）具有先进性与前瞻性。

结构化综合布线系统的设计全部采用现代的概念、技术方法和产品，所选用的布线产品遵循统一的通信协议标准及建筑规范，具有良好的开放性，适于未来的扩展及升级，代表了当今的国际先进水平，具有发展潜力并能长期主导同类产品的发展潮流。

（2）具有成熟性和实用性。

综合布线系统所采用的概念、技术、器材全部是非常成熟的，产品具有系统建成运行的成功范例。系统完全能够在现在和将来适应技术的发展，能够真正满足大楼的使用要求。

（3）具有良好的灵活性和扩展性。

综合布线系统采用全模块化结构，能够满足灵活通用的要求，在系统修改、设备移位时，不必更换布线，仅在管理系统中的配线架上就可解决。布线系统的质量保证更多达25年，并具有充分的扩展能力。

（4）具有标准化与开放性。

综合布线系统方案完全符合EIA/TIA—568A、EIA/TIA—569A、ISO 11801、EN 50173、CECS 72.97、CECS 89.97等国际标准、中国国家标准及相关的其他标准规范。系统要求不仅能兼容语音、数据、图像的传输，同时能够对不同厂家的系统、设备有良好的支持。

（5）具有可靠性与安全性。

综合布线系统完全做到防止由于设备内部原因所造成的不安全和不稳定因素，系统所选择线缆的类型在材料清单中注明。

（6）具有综合性与全面性。

综合布线系统完全选择同一介质，同一接插件厂商产品，产品齐全，从而避免了产生连接设备出现配套问题，保证信息设备的可接入性。

（7）具有易维护和易管理性。

综合布线系统所选用的产品具有易维护和易管理性，满足大楼办公自动化等计算机网络方案的要求。

2．综合布线系统构成

国标对综合布线系统的7个构成部分做出如下说明：

（1）工作区：一个独立的需要设置终端设备（TE）的区域宜划分为一个工作区。工作区应由配线子系统的信息插座模块（TO）延伸到终端设备处的连接缆线及适配器组成。

（2）配线子系统：配线子系统应由工作区的信息插座模块、信息插座模块至电信间配线设备（FD）的配线电缆和光缆、电信间的配线设备及设备缆线和跳线等组成。

（3）干线子系统：干线子系统应由设备间至电信间的干线电缆和光缆，安装在设备间的建筑物配线设备（BD）及设备缆线和跳线组成。

（4）建筑群子系统：建筑群子系统应由连接多个建筑物之间的主干电缆和光缆、建筑群配线设备（CD）及设备缆线和跳线组成。

（5）设备间：设备间是在每幢建筑物的适当地点进行网络管理和信息交换的场地。对于综合布线系统工程设计，设备间主要安装建筑物配线设备。电话交换机、计算机主机设备及入口设施也可与配线设备安装在一起。

（6）进线间：进线间是建筑物外部通信和信息管线的入口部位，并可作为入口设施和建筑群配线设备的安装场地。

（7）管理：管理应对工作区、电信间、设备间、进线间的配线设备、缆线、信息插座模块等设施按一定的模式进行标识和记录。

3．综合布线系统分级与组成

（1）综合布线铜缆系统的分级与类别具有统一的表格，其中3类、5/5e类（超5类）、6

类、7 类布线系统能支持向下兼容的应用。

（2）光纤信道分为 OF-300、OF-500 和 OF-2000 三个级，各等级光纤信道应支持的应用长度不应小于 300 m、500 m 及 2 000 m。

（3）综合布线系统信道应由最长 90 m 水平缆线、最长 10 m 的跳线和设备缆线及最多 4 个连接器件组成，永久链路则由 90 m 水平缆线及 3 个连接器件组成。

（4）光纤信道构成方式应符合以下要求。

① 水平光缆和主干光缆至楼层电信间的光纤配线设备应经光纤跳线连接构成。

② 水平光缆和主干光缆在楼层电信间应经端接（熔接或机械连接）构成。

③ 水平光缆经过电信间直接连至大楼设备间光配线设备构成。

（5）当工作区用户终端设备或某区域网络设备需直接与公用数据网进行互通时，宜将光缆从工作区直接布放至电信入口设施的光配线设备。

 **任务分析**

本期工程中小杨的具体任务是按照客户要求协助项目经理完成综合布线总体设计工作，将各种网络硬件设备合理的连接起来，实现网络设备的物理连接。在公司中完成这项工作是商务助理的职责所在，要求工程师对材料和工具都有一个清晰的认识，通过工程将这些线缆、器件、设备安装在一起，构成一个统一、完整的综合布线系统。作为一名优秀的商务助理，小杨将首先解决以下几个问题：

（1）工作区子系统如何设计？工作区材料如何估算？

（2）信息点设计与安装方式？

（3）水平子系统如何设计？

（4）管理间字体如何设计？

（5）干线子系统如何设计？

（6）设备间子系统如何设计？

（7）进线间子系统如何设计？

（8）建筑群子系统如何设计？

问题1：工作区子系统设计及材料估算

百科知识

工作区子系统是人们在工作和生活中接触最多的，也是最直观的综合布线子系统，是用户工作、学习和休息的区域。我们每天在工作区中进行办公、学习、娱乐、休息等活动，因此工作区留给我们的印象就是办公室、教室、影厅以及家中的书房、客厅等，所以经常认为一个工作区子系统就是一个房间，但是这种认识是不太科学的。

GB50311—2007《综合布线系统工程设计规范》明确指出工作区的定义即"一个独立的需要设置终端设备（TE）的区域宜划分为一个工作区，工作区应由配线子系统的信息插座模块（TO）延伸到终端设备处的连接缆线及适配器组成。"也就是说工作区是一个需要设置诸如计算机、打印机、电话等终端且包括信息模块、连接线缆以及适配器等组件的区域，也可以简单地认为一个网络信息模块就对应一个工作区。因此可以看出，在实际工程应用中一个房间可能会包括很多个工作区，是多个工作区的集合。

在实际工作生活中，工作区子系统处于网络末端，面向的是每个实际的用户，因此在设计时应根据用户的当前需求和未来扩展需要来确定工作区的数量，结合每个工作区的工作性质以及对接入终端的需求，确定工作区在建筑物中的位置，同时还要注意美观性、易用性等因素。

工作区子系统的设计内容主要包括工作区的数量规划与面积划分，信息点的设计与安装方式，连接线缆和配套电源的设计以及材料估算等，且在设计前必须重视用户需求分析等工作，这些工作是实施设计的依据与指引。

1）工作区的数量与面积划分

在设计工作区子系统时应确定工作区的数量，这可以通过研读用户的招标文件或项目委托文件以及建筑设计图纸来了解建筑物的特点及每层楼的功能类型和结构划分，了解用户的当前需求，初步确定工作区的位置分布与数量。然后，通过与用户进行广泛的技术交流，进一步了解用户的需求，如每个房间、每个工作区域的用途和特点，以及未来扩展的要求，从而修正并确定工作区的位置分布与数量。

每个工作区的面积应根据不同的应用功能需求以及业主的实际要求来确定。如果没有特殊需要一般建筑物可以参考如表5.1所示来进行划分。

表5.1 工作区面积划分表

建筑物类型及功能	工作区面积（m²）
网管中心、呼叫中心、信息中心等终端设备较为密集的场地	3~5
办公区	5~10
会议、会展	10~60
商场、生成机房、娱乐场所	20~60
体育场馆、候机室、公共设施区	20~100
工业生产区	60~200

2）工作区材料估算

在设计工作区子系统时可以按以下标准估算相关材料的使用量：

（1）信息点的数量估算方式

$$n=z\times p+(z\times p)\times r$$

式中，n 表示建筑物信息点总量；z 表示工作区总数；p 表示单个工作区配置的信息插座个数，其值可以为 1、2、3 或 4 等；r 表示冗余量，其值可取 2%~3%，或根据实际情况决定。

（2）信息模块材料估算方式

$$m=n+n\times 3\%$$

式中，m 表示信息模块的总需求量；n 表示信息点的总量；冗余量表示为 $n\times 3\%$。

（3）如现场压接跳线则 RJ-45 水晶头估算方式

$$m=n\times 4+n\times 4\times 5\%$$

式中，m 表示 RJ-45 的总需求量；n 表示信息点的总量；留有的富余量表示 $n\times 4\times 5\%$。

职场小贴士：
有目的地生活——清醒地意识到我们的目标；识别实现目标所需的行动。

问题 2：信息点设计与安装方式

百科知识

1) 信息点的设计与安装方式

一个独立的需要配置终端设备的区域可划分为一个工作区，信息点是终端设备进行数据通信的接入点，因此每个工作区至少需要设置一个信息点。以往对于一个普通办公区来说，可按每 $9m^2$ 一个数据点和一个语音点为一组来计算信息点，但现在的实际工程应用中应考虑用户的性质和对工作区的应用来进行信息点的设置。如有的工作区只需要一个铜缆信息点，而有的则需要光缆信息点，还有的工作区需要 3 个或以上铜缆和光缆组合的信息点，应用需求不同信息点的设计也不同，因此信息点的设计与统计应根据用户的实际情况来确定。经验丰富的工程专家根据多年项目设计能总结出的相应配置原则，我们在设计时可以借鉴参考。信息点通常的具体表现形式是信息模块，如数据模块、语音模块、电模块、光模块等。信息模块需要安装在插座底盒中，因此在工作区的设计中要考虑信息模块和底盒的安装设计。

在选择信息模块时，应根据信号的形式选择光模块或者电模块，根据抗干扰设计选择屏蔽模块或非屏蔽模块，根据传输速率选择超五类模块或六类模块，根据应用需求选择数据模块或者语音模块等。选择好信息模块后，要根据模块的类型以及工程需要选择信息底盒。目前的插座底盒可以分为地面安装底盒和墙面安装底盒，其中地面安装底盒一般为 120 系列。由于对抗压和防水能力有一定要求，因此一般是黄铜材料铸造，分为正方形和圆形两种。地面安装底盒也称为"地弹插座"。墙面安装底盒一般为 86 系列，即长 86 mm，宽 86 mm 的正方形底盒，通常为塑料材料和金属材料，可分为明装底盒和安装底盒。

在设计信息点的位置应注重终端设备的位置需要，并尽量以用户的工作台为中心，一般设计在工作台侧面的墙面上且要求距离地面 30 cm 以上。如果工作台离墙面较远，可以将信息点设计在工作台下面的地面上；如果工作台旁边有办公隔断，则可将信息点设计在隔断上。选择地面设计方式时应在地面铺装之前完成，已经完成地面铺装的工作区则不宜采取地面安装方式而应考虑其他方式，如铺装地板或设置办公隔断等。对于办公家具已经到位的工作区建议将信息点设置在隔断上。对于新建建筑物的信息点底盒必须暗埋在建筑物的墙内，且一般使用金属底盒；对于旧楼增加信息插座一般明装 86 系列插座，也可以在墙面开槽暗装信息底盒。在设计好信息点的安装方式后，要根据模块和底盒插座的需要选择合适的面板，选择时还要考虑美观和成本等因素。

2) 连接线缆和配套电源的设计

在工作区中计算机、电话等终端设备与信息插座之间一般需要使用跳接软线进行连接，跳接软线一般为双绞线缆，长度一般应小于 5 m。跳接软线可订购也可现场压接，如果资金允许建议选择工厂专业化生产的跳线。在选择连接线缆时应注意跳线必须与布线系统的等级和类型相配套，六类电缆综合布线系统必须选择六类连接跳线，屏蔽布线系统则必须使用屏蔽线缆跳线。

在设计工作区子系统时还应考虑终端设备的用电需求，因此在信息插座附近必须设置带保护接地的三孔单相220 V电源插座，保护接地与零线应严格分开。同时为了减少电磁干扰，电源插座应与信息插座的距离应大于20 cm。

问题3：水平子系统设计

百科知识

1）水平子系统的概念

水平子系统一般在同一个楼层上，指从工作区信息插座至楼层管理间的部分，由工作区的墙面插座或其他终端信息插座到管理间子系统端接设备之间的所有线缆、插座、配线设备等组成。水平子系统实现工作区信息插座和管理间子系统的连接，也是将该楼层上的工作区连接起来的物理通路。由于水平子系统遍及整个智能建筑的每一个楼层，设计范围较分散，且与房屋建筑结构等有密切关系，因此它是综合布线工程中工程量最大、范围最广、最为复杂、最难施工的一个子系统。

2）水平子系统的设计

在实际工作生活中，水平线子系统存在于整个智能建筑的每一个楼层，其设计的合理性与安装质量高低直接影响信息的传输性能。另外水平子系统布线路由通常较长且缆线敷设较为隐蔽，通常敷设于天花板、线槽或地板内，因此后期维护和更换缆线较为困难，所以在设计过程中应注意线缆选择和敷设路由等问题，同时还要注意美观性、易用性等因素。

水平子系统的设计内容主要包括线缆选择与长度设计、布线路由设计、敷设方式设计以及槽管选择和材料估算等，且在设计前必须重视用户需求分析等工作。这里还要强调一点，由于水平子系统对应于智能建筑的每一个楼层，但每个楼层的用途和使用功能是不同的，电路、水路、气路和电器设备的安装位置可能也不相同，因此在设计水平子系统时需要索取和认真阅读建筑物设计图纸，并与用户进行交流，针对每个楼层具体布局和用户应用需求进行分析和设计。

（1）线缆选择与长度设计

水平子系统布线线缆一般可以选择非屏蔽双绞线电缆、屏蔽双绞线电缆、50Ω 同轴电缆以及光纤电缆等。通常 4 对 UTP 电缆即可支持大多数现代化通信设备对传输性能的要求。如果需要高速率传输系统来传输电视图像信息时，则可选光缆。但建议在实际设计时应针对每个楼层的使用功能和用户的应用需求进行分析，确定业务类别及链路、信道等级，选择合适的线缆。具体设计时注意同一布线信道及链路的线缆和连接器件应保持系统等级与阻抗的一致性。如选择电缆时应考虑系统应用区域内用户对电磁兼容性的要求，合理选择屏蔽线缆或非屏蔽线缆；如选择光纤时，要考虑网络业务的构成以及连通方式和传输距离，建议楼内选择标称波长 850 nm 和 1 300 nm 的多模光纤，需直接连接电信业务时应选择标称波长为 1 310 nm 和 1 550 nm 的单模光纤，建筑物之间可选择多模或单模光缆。另外，配线设备的跳线建议尽量选择产业化制造的各类跳线（对使用六类及以上标准缆线尤为重要）。对于电话应用选择双芯对绞电缆，线缆选择后应选择与之匹配的连接器件及适配器，屏蔽系统应保持屏蔽层的连续性。

在水平子系统线缆长度设计时应注意对于电缆系统信道的最大长度不能超过 100 m，如果确实需要超过 100 m，则应设计通过有源设备进行连接，信道中工作区设备连接跳线不大于 5 m，设备间（电信间）的跳线不大于 5 m，因此水平缆线长度设计一般不应大于 90 m。如果上述跳线之和大于 10 m 时，水平缆线长度应适当减少；如果在水平布线系统中信息点比较集中的区域设计增加 CP 集合点时，同一个水平电缆上只允许一个 CP 集合点，而且 CP 集合点与 FD 配线架之间水平线缆的长度应大于 15 m，且整个水平电缆仍要遵守最长 90 m 的规则。另外，设计中还应注意水平缆线和建筑物主干缆线及建筑群主干三部分缆线之和（即信道总长度）不应大于 2 000 m。

（2）布线路由设计

水平子系统一般为星形结构，每个信息点都通过一根独立的线缆与楼层管理间的配线架连接，因此在设计布线路由时应仔细分析并分类归纳每个工作区信息点的布线距离和路径，并从布线规范、便于施工、工程造价、隐蔽美观和方便扩充等几个方面设计"最佳路由"。这里的最佳路由并不是最完美的路由，而是一条通过对比分析选取的较合理的、折中考虑的路由，因为在设计中通常会存在一些矛盾，比如考虑了工程造价但影响了建筑物的美观，考虑了扩充方便但增加了施工难度等。

由于水平子系统通常会涉及每个楼层的立面和平面，布线路径经常与照明线路、电器设备线路、电器插座、消防线路、暖气或者空调线路有多次的交叉或者并行，从而发生信号干扰或路径冲突等问题。因此，在布线路由设计前应仔细阅读建筑物设计图纸并咨询业主来掌握建筑物的土建结构、强电路径、弱电路径以及其他线路信息并做好标记。在设计过程中，如果出现和其他线缆平行共路时，应设计好与相关线路的间隔距离。水平布线路由若与电力电缆平行布线时，为了减少电力电缆电磁场对网络系统的影响，其间距设计应满足相应的要求。

水平布线路由附近若存在产生高电平电磁干扰的电动机、电力变压器、射频应用设备等电器设备时，为了减少电器设备电磁场对网络系统的影响，设计时应注意与上述设备间距应满足相应的要求。

水平布线路由若与其他缆线平行或交叉时，间距应满足一定的间距要求。当墙壁电缆敷设高度超过 6 000 mm 时，与避雷引下线的交叉间距应按下式计算：

$$S \geqslant 0.05L$$

式中，S 为交叉间距，mm；L 为交叉处避雷引下线距地面的高度，mm。

在设计水平子系统布线路由时还应考虑线缆弯曲半径要求，如果设计时未考虑线缆的弯曲半径要求将会增加布线施工的难度，并且会造成线缆内部结构的损坏，严重影响线路的传输性能指标。因此在布线路由设计中尽量避免或减少弯曲，如必须有弯曲路径则设计时应注意加大线缆的弯曲半径。当缆线采用电缆桥架布放时，桥架内侧的弯曲半径不应小于 300 mm。

（3）水平子系统的线缆敷设方式设计

水平子系统线缆的敷设在设计中通常可以考虑有暗敷和明敷两种方式。通常选择暗敷方式，以达到隐蔽美观的效果。如果采用明敷方式应保证电缆排列整齐，力求使电缆在屋角内以及天花板内和护壁接合处走线。在设计新建筑物水平子系统线缆敷设时宜采取暗敷方式，主要包括天花板吊顶内敷设线缆方式、埋入式和高架地板式等。如果进行旧楼改造设计或者需要在现有工作环境增加网络布线系统时，一般采取明装布线方式，主要包括走廊槽式桥架式、地面线槽式和墙面槽管式。

天花板吊顶内布线是水平布线最常用的方法，即在吊顶内或天花板上方区域，安装金属或 PVC 线槽，由楼层配线间出来的线缆先走吊顶内线槽，到信息点后经分支线槽（管道）引向墙壁剔墙而下到信息出口。设计时应注意留有一定的操作空间，以利于施工和维护，但操作空间也不宜过大；尽量避免线槽进入房间，否则影响房间装修，不利于后期的维护。

埋入式可分为地面埋入式和墙体埋入式，即在浇筑混凝土时已把管道预埋在地面或墙体里，设计时应考虑在预先埋入槽管内放置用于拉线的引线，以便日后布线时使用，此方式设计方案应在建筑物施工或装修前完成，比较适合于新建建筑物内小房间工作区的布线。

高架地板式适合于面积较大且信息点数量较多的工作区，且工作区的地面使用高架地板（如防静电地板），该方式设计宜先在高架地板下面安装布线槽，然后将从走廊地面或桥架中引入缆线穿入管槽，再连接至安装于地板的信息插座。该方式施工简单，布线美观，并且可以随时扩充，设计时应注意房屋高度、地板耐压以及成本等因素，如需铺设地毯则不适用。

走廊槽式桥架式是将线槽用吊杆或托臂架明敷在走廊的上方，施工方便，设计时应注意当线缆较多时一般选择金属线槽，线缆较少时可采用高强度 PVC 线槽以及槽架敷设的美观性。

地面线槽式是将长方形的线槽打在地面垫层中，线缆沿地面线槽到地面出线盒引出到信息模块，适用于大开间或需要打隔断的场合，设计时应注意配合办公布局图进行设计，地面垫层厚度应至少保证 6.5 cm 以上，以便放置线槽，石质地面或楼层中信息点特别多的场合应谨慎选择。

墙面槽管式是一种明敷方式，也是最简单的布线方式，即在墙壁上敷设线槽或线管的方式来布线。该方式是旧楼改造的常用布线设计，设计时应注意一般为短距离应用以及槽管敷设的美观性。使用线槽外观美观，施工方便，但是安全性比较差；而使用线管安全性则比较好。

（4）槽管选择和材料估算

在水平布线系统中，缆线必须安装在线槽或者线管内，暗敷布线时一般选择线管，不允许使用线槽。明敷布线时，一般选择线槽，较少使用线管。选择线槽时，建议宽高之比为 2:1，这样布出的线槽较为美观、大方。选择线管时，建议使用满足布线根数需要的最小直径线管，这样能够降低布线成本。

缆线布放在管与线槽内的管径与截面利用率应根据不同类型的缆线做不同的选择。管内穿放大对数电缆或 4 芯以上光缆时，直线管路的管径利用率应为 50%~60%，弯管路的管径利用率应为 40%~50%。管内穿放 4 对对绞电缆或 4 芯光缆时，截面利用率应为 25%~35%。布放缆线在线槽内的截面利用率应 30%~50%。

常规通用线槽（管）内布放线缆的最大条数可以按照以下公式进行计算和选择。

① 线面积计算

$$S = \frac{\pi}{4d^2}$$

式中，S 表示双绞线截面积；d 表示双绞线直径。

② 线管截面积计算

此处注意，线管规格一般用线管的外径表示，线管内布线容积截面积应该按照线管的内直径计算，即外径减去壁厚。

$$S = \frac{\pi}{4(d-a)^2}$$

式中，S 表示线管截面积；d 表示线管的外直径；a 表示线管壁厚。

③ 线槽截面积计算

此处注意，线槽规格一般用线槽的外部长度和宽度表示，线槽内布线容积截面积计算按照线槽的内部长和宽计算，即要减去线槽壁厚。

$$S = (L-2a) \times (W-2a)$$

式中，S 表示线管截面积；L 表示线槽外部长度；W 表示线槽外部宽度；a 表示线槽壁厚。

④ 容纳双绞线最多数量计算

布线标准规定，一般线槽（管）内允许穿线的最大面积 70%，同时考虑线缆之间的间隙和拐弯等因素，考虑浪费空间 40%~50%。因此，容纳线缆根数计算公式如下：

$$N = \frac{槽（管）截面积 \times 70\% \times (40\% \sim 50\%)}{线缆截面积}$$

其中，N 表示容纳双绞线最多数量；70%表示布线标准规定允许的空间，40%~50%表示线缆之间浪费的空间。

例如，20×10 线槽（线槽壁厚约 1 mm），容纳双绞线（直径约 6 mm）数量计算如下：

$$N = \frac{槽（管）截面积 \times 70\% \times (40\% \sim 50\%)}{线缆截面积} = 2 \text{ 根}$$

⑤ 电缆长度估算可以参考以下方法计算

$$楼层平均电缆长度\ L = \frac{A+B}{2}$$

式中，A 表示楼层信息插座至配线间的最远距离；B 表示楼层信息插座至配线间的最近距离。

楼层总电缆平均长度

$$W = L + 10\%L + C + D$$

式中，L 表示楼层平均电缆长度；10%表示线缆冗余；C 表示端接容余一般为 3~6 m；D 表示工作区落差。

楼层电缆订购数

$$H = \frac{W \times N}{305}$$

式中，W 表示楼层总电缆平均长度；N 表示楼层信息点数；305 表示一箱双绞线长度，结果要求加 1 取整。

例如，某楼层 50 个信息点，其中信息插座至配线间的最远距离为 25 m，最近最远距离为 15 m，端接冗余计为 6 m，工作区落差计为 4 m，该层楼需要双绞线箱数可以按如下计算：

楼层平均电缆长度

$$L = \frac{25+15}{2} = 20 \text{ m}$$

楼层总电缆平均长度

$$W = 20 + 20 \times 10\% + 6 + 4 = 32 \text{ m}$$

楼层电缆订购数

$$H = 32 \times 50 / 305 = 5.25 \text{ 箱}$$

加 1 取整，即需要 6 箱。

问题4：管理间设计

百科知识

1）管理间的概念

管理间也称为电信间或者配线间，一般设置在每个楼层的中间位置，是专门安装楼层机柜、配线架、交换机和配线设备的楼层管理间。管理间包括楼层配线间、二级交接间的缆线、配线架及相关接插跳线等，是水平子系统和垂直干线子系统的连接点。当楼层信息点很多时，可以设置多个管理间。在新国标中，管理间和水平子系统统称为配线子系统。

2）管理间的设计

目前，智能建筑在综合布线时改变了几个楼层共用一个管理间的做法，而是考虑在每一楼层至少设立一个管理间，用来管理该层的信息点。管理间也是水平子系统和干线（垂直）子系统电缆端接的场所，用户可以在管理间子系统中更改、增加、交接、扩展缆线，从而改变缆线路由。

管理间的设计内容主要包括确定管理间的数量和位置、管理间的接线设计以及设计标识方案等，且在设计前必须重视诸如在第三章中讨论的用户需求分析等工作，这些工作是实施设计的依据与指引。同样，在设计管理间之前应认真阅读建筑物设计图纸并与用户进行交流，掌握建筑物的土建结构、强电路径、弱电路径，特别是主要电器管理和电源插座的安装位置，重点掌握管理间附近的电器管理、电源插座、暗埋管线等。

（1）管理间的数量和位置

在设计管理间时，应从楼层信息点的总数量和分布密度情况考虑来设置管理间的数量。如果该层信息点数量不大于400个，水平缆线长度在90m范围以内，应设置一个管理间；当超出这个范围时应设两个或多个管理间；如果特殊情况下，每层信息点数量较少，且水平缆线长度不大于90m的情况下，宜几个楼层合设一个管理间。建议在设计中考虑每个楼层至少设置一个管理间。

在设计管理间的位置时应考虑楼层的信息点数量和布线距离，分析楼层信息点的缆线长度，列出最远和最近信息点缆线的长度，保证各个信息点双绞线的长度不要超过90m。因此应特别注意最远信息点的缆线长度，通常应把管理间设置在信息点的中间位置。如有多个楼层都需要设置管理间，应首先考虑各个楼层的管理间最好设置在同一个位置，也可以根据楼层的不同功能设置在不同的位置。在旧楼增加网络综合布线系统时，可以将管理间选择在楼道中间位置的办公室。在某些如宿舍楼等信息点密集，使用时间集中，楼道很长的应用环境，为了方便管理和保证网络传输速度或者节约布线成本，可以按照100~200个信息点设置一个管理间，采取壁挂式机柜明装在楼道内。

管理间面积设计不应小于$5 m^2$，也可根据工程中配线管理和网络管理的容量进行调整。对于新建楼房由于存在专门的垂直竖井，因此楼层的管理间基本都设计在建筑物竖井内，面积在 3 m² 左右，对于一些小型网络中管理间也可能只是一个网络机柜。

（2）管理间的接线设计

在管理间子系统中，管理间的信息点连接是非常重要的工作，它的连接要尽可能简单，主要通过跳线连接。语音点的线缆是通过 110 配线架进行管理，信息点的线缆是通过 RJ-45 配线架进行管理的。110 系列配线架产品各个厂家基本相似，根据应用特点不同可分为两大类，即 110A 和 110P。110A 配线架采用夹跳接线连接方式，可以垂直叠放便于扩展，比较适合于线路调整较少、线路管理规模较大的综合布线场合。110P 配线架采用接插软线连接方式，管理比较简单但不能垂直叠放，较适合于线路管理规模较小的场合。RJ-45 模块化配线架主要用于网络综合布线系统，有 12 口、24 口、48 口等，应根据信息点的多少进行配备，配线架前端面板为 RJ-45 接口，配线架后端为 BIX 或 110 连接器，可以端接水平子系统线缆或干线线缆。配线架一般宽度为 19 in（1 in=2.54 cm），高度为 1 U~4 U（1U = 44.45 mm），主要安装于 19 in 机柜。模块化配线架的规格一般由配线架根据传输性能、前端面板接口数量以及配线架高度决定。

管理间设计中的配线架连接区域可以用交连或互连方式调整和更改布线路由。对配线架上相对固定的线路，宜采用卡接式接线方法；对配线架上经常需要调整或重新组合的线路，宜使用快接式插接线方法。卡接式交接硬件系统是指采用绝缘压穿连接器件的交接设备；插接式交接硬件是指用插头、插座连接的交接设备。

管理子系统中垂直干线配线管理宜采用双点管理双交接，楼层配线管理宜采用单点管理。单点管理属于集中型管理，即在网络系统中只有一个"点"可以进行线路跳线连接，其他连接点采用直接连接。双点管理属于集中分散型管理，即在网络系统中只有两个"点"可以进行线路跳线连接，其他连接点采用直接连接。双点管理是管理子系统普遍采用的方法，适用于大中型系统工程。

在不同类型的建筑物中，管理子系统常采用单点管理单交连、单点管理双交连、双点管理双交连、双点管理三交连和双点管理四交连等方式。

① 点管理单交连。指位于设备间里面的交换设备或互联设备附近，通常线路不进行跳线管理，直接连至用户工作区，这种方式使用的场合较少。

② 单点管理双交连。指位于设备间里面的交换设备或互联设备附近，通过硬件线路实现不进行跳线管理，直接连至配线间里面的第二个接线交接区。如果没有配线间，第二个交连可放在用户间的墙壁上，管理子系统宜采用单点管理双交连。

③ 双点管理双交连。对于低矮而又宽阔的建筑物（如机场、大型商场），其管理规模较大，管理结构较复杂，这时多采用二级交接间，设置双点管理双交连。双点管理除了在设备间里有一个管理点之外，在配线间仍有一级管理交接（跳线）。在二级交接间或用户房间的墙壁上，还有第二个可管理的交连。双交接要经过二级交连设备。第二个交连可能是一个连接块，它对一个接线块或多个终端块（其配线间与专用小交换机干线电缆和水平电缆站场各自独立）的配线和站场进行组合。

④ 双点管理三交连。若建筑物的规模比较大，而且结构复杂，还可以采用双点管理三交连，有时甚至采用双点管理四交连方式。综合布线中使用的电缆，一般不能超过 4 次交连。在使用光纤连接时，应使用光纤接续箱，箱内可以有多个 ST 连接安装孔，箱体及箱内的线路弯曲设计应符合光纤的弯曲要求。光纤接头用 STII，由陶瓷材料制成，最大衰减为 0.2 dB。

光耦合器可作为多模光纤与网络设备或光纤接续装置上的连接器件；配线架和光纤接续箱通常设在弱电井或设备间内，用来连接其他系统，并对它们通过跳线进行管理。

（3）管理间的标识

标识管理也是管理间的一个重要组成部分，设计时应遵守管理子系统的相关规定，在设计时应确定每个管理间的命名编号，其直接涉及每条缆线的命名。因此，管理间命名必须准确表达清楚该管理间的位置或者用途。这个名称从项目设计开始到竣工验收及后续维护必须保持一致，如果进行了修改，则应加以标记对应关系，并做好归档。

问题 5：干线线缆与线缆容量选择

百科知识

1）干线子系统的概念

干线子系统是智能建筑综合布线系统的中枢，负责将各楼层配线间连接起来实现信息交互，以及将相关信号传送到设备间，再经公共出口传送到外部网络。干线子系统由楼层配线间与设备间的连接电缆和光缆以及安装在设备间的建筑物配线设备（BD）及设备线缆和跳线组成。这些线缆负责完成智能建筑所有用户的数据交换，一旦电缆发生故障就会产生巨大影响。

2）干线子系统的设计

干线子系统是综合布线系统工程中最重要的一个子系统，直接决定每个信息点的稳定性和传输速度。为此我们必须十分重视干线子系统的设计工作，在设计时必须考虑满足当前需要，又要适应今后扩展。

干线子系统的设计内容主要包括干线线缆与线缆容量选择，干线系统布线路由与线缆敷设，确定干线子系统的通道规模与线缆端接等，且在设计前必须重视用户需求分析等工作。这些工作是实施设计的依据与指引。

（1）干线线缆与线缆容量选择

干线子系统线缆主要有铜缆和光缆两种类型。在设计中可以根据建筑物用途、信息点数量、设计等级、造价和应用环境等方面进行考虑，同时可以通过语音网络与数据网络的共享关系以及能支持应用的最高速率，确定线缆的传输速率和种类。

一般来讲电话语音系统的干线线缆可以选择三类大对数双绞线电缆，且语音网电缆总对数不应少于楼内信息点数的 75%。数据网络系统的干线线缆可以选择 4 对双绞线电缆或 25 对大对数电缆或光缆，建议采用多模或单模光纤，每个主交换间中数据网络主干光缆芯数一般不应少于 6 芯。如采用双绞电缆时，全程传输距离在 100 m 之内可采用五类或六类双绞线，否则应使用光纤。如选用大对数线缆应注意其容易造成相互干扰，因此很难制造超五类以上的大对数对绞电缆，所以六类布线系统应使用六类 4 对双绞线电缆或光缆作为主干线缆。选择双绞电缆时，还要根据应用环境选择非屏蔽双绞线或屏蔽双绞线，在需要屏蔽的场合应使用屏蔽双绞线电缆或光缆；干线子系统也可选择混合线缆和多单元线缆。在智能住宅设计时考虑使用 75 Ω 同轴电缆作为有线电视线缆。

在确定干线线缆类型后，可根据楼层所有的语音、数据、图像等信息插座的数量来确定每个层楼的干线容量，设计时可以参考以下几点。

① 对于语音业务，主干电缆的对数应按每一个电话信息插座至少配 1 个线对的原则进行计算，并在总需求线对的基础上至少预留约 10% 的备用线对。语音干线可按一个电话信息插座。

② 对于数据业务，电缆干线按 24 个信息插座配 2 对绞线，每个交换设备群（4 台交换设备为一群）或每个交换设备的一个主干端口配一条 4 对双绞线。光缆干线按每 48 个信息插座

配 2 芯光纤，每个主干端口应配置 1 个备份端口。

③ 当工作区至电信间的水平光缆延伸至设备间的光配线设备（BD/CD）时，主干光缆的容量应包括所延伸的水平光缆光纤的容量在内。

④ 当楼层信息插座较少时，在规定长度范围内，可以多个楼层共用交换机，合并计算光纤芯数。

⑤ 如有光纤到用户桌面的情况，光缆直接从设备间引至用户桌面，干线光缆芯数不应包含这些光缆芯数。

⑥ 主干系统应留有足够的余量，以作为主干链路的备份，确保主干系统的可靠性。

例如，已知某建筑物第三层有 80 个数据网络信息点，信息点要求接入速率均为 100 Mbps，另有 40 个电话语音点，而且第六层楼层配线间到楼内设备间的距离为 50 m。如投资有限，请设计该层的干线线缆类型及线缆对数。

通过分析可以知道，80 个数据网络信息点接入速率均为 100 Mbps，可以选择光纤，如投资有限也可考虑五类非屏蔽双绞线。同时，80 个数据网络信息点应配置四台 24 口交换机即，一个交换机群，可以设置一个主干端口。如再考虑一个交换机群配置一个备份端口，所以可使用两条 4 对（即 8 对）超五类非屏蔽双绞线进行连接，光缆则需要两条 2 芯（即 4 芯光缆）。如果为了达到更高速连接，则可按每台交换机配置一个主干端口，每 4 台为一群配一个备份端口，则一共需要 5 条 4 对线（即 20 对）超五类非屏蔽双绞线进行连接，光缆则需要 5 条 2 芯（即 10 芯光缆）。40 个电话语音点，按每个语音点配 1 个线对的原则，主干电缆应为 40 对，所以语音信号主干线缆可以配备一根三类 50 对非屏蔽大对数电缆。

（2）干线系统布线路由与线缆敷设

干线子系统的拓扑结构为星形，布线路由走向应根据建筑物的实际情况以及最大距离限制选择缆线最短、最安全和最经济的路由，同时考虑未来扩展需要，且应该预留一定的缆线做冗余信道。综合布线中规定，干线子系统布线的最大距离有一定的要求，即建筑群配线架（CD）到楼层配线架（FD）间的距离不应超过 2 000 m，建筑物配线架（BD）到楼层配线架（FD）的距离不应超过 500 m。在实际应用中，干线子系统的线缆不一定都是垂直布置的，如在空间较大的单层建筑物中线缆是水平布置的。

当今建筑物内有两大类型的通道：封闭型和开放型。封闭型通道是指一连串上下对齐的空间，每层楼都有一间，电缆竖井、电缆孔、管道电缆、电缆桥架等穿过这些房间的地板层。开放型通道是指从建筑物的地下室到楼顶的一个开放空间，中间没有任何楼板隔开，通常用作通风道或电梯的通道，不能用于敷设干线线缆。因此，干线子系统宜设计在大楼内有竖井或电缆孔的封闭型通道里布放。

干线线缆的布线路由设计根据建筑的结构以及建筑物内预埋的管道而定。国标 GB50311-2007 指出干线子系统垂直通道穿过楼板时宜采用电缆竖井方式，也可采用电缆孔、管槽的方式，电缆竖井的位置应上下对齐。对于单层平面建筑物水平型的干线布线路由主要用金属管道和电缆托架两种方法。

① 电缆孔方式

干线通道中所用的电缆孔是很小的管道，通常用一根或数根外径 63~102 mm 的钢性金属管预埋在混凝土地板内，这是在浇注混凝土地板时嵌入的，金属管高出地面 25~100 mm，也可直接在地板中预留一个大小适当的孔洞。电缆往往捆在钢绳上，而钢绳固定在墙上已铆好的金属条上。当楼层配线间上下都对齐时,一般采用此种方法。

② 电缆井方式

电缆井是指在每层楼板上开出一些方孔,一般宽度为 300 mm,并有 25 mm 高的井栏。电缆井的具体大小要根据所布线的干线电缆数量、规格而定。与电缆孔方法一样,电缆也是捆扎或箍在支撑用的钢绳上,钢绳靠墙上的金属条或地板三脚架固定,也可以在离电缆井很近的墙上设置立式金属架,这样可以支撑很多电缆。电缆井比电缆孔更为灵活,可以让各种粗细不一的电缆以任何方式布设通过。在新建工程中,推荐使用电缆竖井的方式。但在旧的建筑物内开电缆井造价较高,且在安装过程中没有采取措施去防止损坏楼板支撑件,则楼板的结构完整性将受到破坏,不使用的电缆井很难防火。

干线子系统的布线方式有垂直型的,也有水平型的,这主要根据建筑的结构而定。大多数建筑物都是垂直向高空发展的,因此很多情况下会采用垂直型的布线方式。但是也有很多建筑物是横向发展,如候机厅、影剧院、仓库等建筑,这时则采用水平型的主干布线方式。因此,主干线缆的布线路由既可能是垂直型的,也可能是水平型的,或是两者的综合。

在新的建筑物中,干线子系统通常设计利用竖井通道敷设垂直干线。在竖井中敷设垂直干线一般有两种方式:向下垂放法和向上牵引法。相比较而言,向下垂放法比向上牵引法更容易实施。在多层建筑物中,有时需要使用干线电缆的横向通道才能从设备间连接到干线通道,以及在各个楼层上从二级交接间连接到任何一个配线间,那么在设计时应为横向走线寻找一个易于安装的方便通道,因而两个端点之间很少是一条直线。在设计线缆敷设时还应注意以下几点:

① 光纤电缆敷设时不能铰接,需要拐弯时,其曲率半径不得小于 30 cm。

② 光缆在室内布线时要走线槽,在地下管道中穿过时要用 PVC 管;室外裸露部分要加铁管保护,铁管要固定牢固,埋在地下时也要加铁管保护。

③ 双绞线敷设时线要平直,室外部分要加套管,严禁搭接在树干上。

(3) 干线子系统的通道规模与线缆端接

设计干线子系统的通道规模的依据就是综合布线系统所要覆盖的可用楼层面积。如果给定楼层的所有信息插座都在配线间的 75 m 范围之内,那么采用单干线接线系统。单干线接线系统就是采用一条垂直干线通道,每个楼层只设一个配线间。如果有部分信息插座超出配线间的 75 m 范围之外,那就要采用双通道干线子系统,或者采用经分支电缆与设备间相连的二级交接间。

干线子系统线缆端接的连接方法(包括干线交接间与二级交接间的连接)主要有点对点端接、分支递减端接以及电缆直接端接。这三种连接方式根据网络拓扑结构和设备配置情况可单独采用,也可混合使用。为了便于综合布线的路由管理,干线电缆、干线光缆布线的交接不应多于两次。从楼层配线架到建筑群配线架之间只应通过一个配线架,即建筑物配线架(在设备间内)。当综合布线只用一级干线布线进行配线时,放置干线配线架的二级交接间可以并入楼层配线间。

① 点对点端接

点对点端接是最简单、最直接的线缆连接方法,每根干线线缆直接延伸到指定的楼层配线管理间或二级交接间直接延伸到楼层配线间。此种连接方法只用一根电缆独立供应一个楼层,其双绞线对数或光纤芯数应能满足该楼层的全部用户信息点的需要。该方法的主要优点是主干线路由上采用容量小、重量轻的线缆独立引线，没有配线的接续设备介入，发生障碍容易判断和测试，有利于维护管理；缺点是电缆条数多，工程造价增加，占用干线通道空间较大，因各个楼层电缆容量不同，安装固定的方法和器材不一而影响美观。

② 分支递减端接

分支递减端接是用一根足以支持若干个楼层配线管理间或若干个二级交接间的通信容量的大容量干线线缆，通过接续设备分成若干根容量较小的电缆，再分别延伸到每个二级交接间或每个楼层配线管理间。分支连接方式的主要优点是干线通道中的线缆条数较少，节省通道空间；缺点是电缆容量过于集中，若电缆发生障碍，波及范围较大，且线缆分支经过接续设备，因而在判断检测和分隔检修时增加了难度和维护费用。

③ 直接端接

直接端接是在特殊情况下所使用的技术。一种情况是一个楼层的所有水平端接都集中在楼层配线间，以便能更加方便地管理路由线路；另一种情况是楼层配线间分配线架太小，在主配线架上完成端接。由于增加了连接节点，在选用时应在技术、经济方面进行比较后再确定。

在设计中选择上述端接方法时要根据网络拓扑结构、设备配置情况、线缆成本及端接工作所需的劳务费来全面考虑，既可单独采用，也可混合使用。通常为了保证网络安全可靠，应首先选用点对点端接方法。如果经过成本分析后能证明分支递减端接成本较低时，可以采用分支递减端接方法。但最终选择依据是用户的通信需要，在满足需要的前提下可以进行成本比较决定。

职场小贴士：
　　要严以律己、宽以待人，接受别人是最重要的。

问题6：设备间设计

百科知识

1) 设备间的概念

设备间是智能建筑综合布线系统的核心，有时也称为建筑物机房，是集中安装大型通信设备和数据、语音垂直主干线缆终接的场所，也是进行大楼网络管理的场所。对综合布线系统工程设计来讲，设备间主要安装总配线设备。设备间由电缆、连接器和相关支撑硬件组成，主要设备包括数字程控交换机、大型计算机、网络设备和不间断电源等。

2) 设备间的设计

设备间是各种数据语音通信设备及保护设施的安装场所，是智能建筑的关键位置，其设计的合理性将影响系统全局的管理、控制和维护。

设备间的设计内容主要包括确定位置和室内设计、线缆敷设和电源配置与标识管理等，且在设计前必须重视用户需求分析等工作，这些工作是实施设计的依据与指引。同样在设备间设计之前应认真阅读建筑物设计图纸并与用户进行交流，掌握建筑物的土建结构、强电路径、弱电路径，特别是主要电器管理和电源插座的安装位置，重点掌握设备间附近的电器管理、电源插座、暗埋管线等。

（1）设备间的位置和室内设计

设备间子系统是综合布线的精髓，设备间的设计需围绕整个智能建筑的规模、网络构成、信息量、设备数量等进行。一般建议每幢建筑物内应至少设置 1 个设备间。如果电话交换机与计算机网络设备分别安装在不同的场地或根据安全需要，也可设置 2 个或 2 个以上设备间，以满足不同业务的设备安装需要。如果信息通信设施与配线设备分别设置时，应考虑设备电缆的长度限制要求，安装总配线架的设备间与安装主机的设备间之间的距离不宜太远。

设备间的位置及大小设计应根据建筑物的结构、综合布线规模、管理方式以及应用系统设备的数量等方面进行综合考虑，择优选取。在设计中应注意尽量选择综合布线干线子系统的中间位置，并尽可能靠近建筑物电缆引入区和网络接口，以方便干线线缆的进出。还应注意远离强振动源和强干扰源，不应设置在用水设备的下层，并尽量远离有害气体以及易燃易腐蚀的物质。

通常建议设备间选择在建筑物中部或在建筑物的一、二层，避免设在顶层或地下室，位置不应远离电梯，而且为以后的扩展留下余地。

设备间的建筑结构设计应考虑设备大小、重量以及方便搬运等因素。通常设备间的净高为 2.5~3.5 m；门应设计为外开双向门，门的大小至少为高 2.1 m，宽 1.5 m；楼板承重一般分为两级：A 级≥5 kN/m^2 和 B 级≥3 kN/m^2。设备间的使用面积要考虑所有设备的安装面积，还要考虑预留工作人员管理操作设备的地方，但设备间最小使用面积不得小于 20 m^2。

$$S = (5\text{\textasciitilde}7) \sum S_a$$

式中，S 为设备间的使用总面积；S_a 为安装在设备间内的单个设备所占面积；(5~7) 为系数。

$$S = K \times A$$

式中，S 为设备间使用总面积；K 为设备间的所有设备台（架）的总数；A 为设备面积估算系数，一般取值（4.5~5.5）m^2/台（架）。

设备间的室内设计应符合相关环境标准要求，装修材料使用符合《建筑设计防火规范》中规定的难燃材料或阻燃材料，并能防潮、吸音、不起尘、抗静电等。

设备间的建筑地面应平整、光洁、防潮、防尘，建议采用抗静电活动地板以便敷设电缆线和电源线，接地电阻应在 0.1~1 000 MΩ。带有走线口的活动地板走线口应光滑，不应使用易产生静电且容易产生积灰的毛制地毯。顶棚设计应考虑吸音及布置照明灯具等，可加装一层吊顶，吊顶材料应满足防火要求。墙面设计应考虑不易产生和吸附灰尘，可使用阻燃漆或在耐火的胶合板覆盖墙面。设备间的室内还可根据设备及工作需要，选用防火的铝合金或轻钢作龙骨安装玻璃隔断。

在设计设备间室内空间时应考虑设备的运输以及测试维护的方便性，建议用于运输设备的通道净宽不应小于 1.5 m；面对面布置的机柜或机架正面之间的距离不宜小于 1.2 m；机柜与机柜、机柜与墙之间的距离不宜小于 1.2 m；成行排列的机柜长度超过 6 m 时，两端应设有宽度不小于 1 m 的走道。

（2）线缆敷设

设备间的电缆敷设应根据房间内设备布置和缆线走向的具体情况进行设计，主要有预设管（槽）方式、活动地板方式、地板或墙壁内沟槽方式和机架走线架方式。

预埋管（槽）方式是一种最常用的方式，即在建筑的墙壁或楼板内预埋管路或预设槽路。该方式穿放缆线比较容易，对线缆维护、检修和扩建均有利，造价低廉，技术要求不高。但该设计必须在建筑施工前完成，与建筑施工一起完成，配合起来有一定的难度，管（槽）尺寸和根数应根据缆线需要来设计，线缆路由受管（槽）限制不能变动，使用中会受到一些限制。

活动地板的地面起到防静电的作用，在它的下部空间可以作为冷、热通风的通道，同时又可设置线缆的敷设槽、道。由于地板下空间大，因此电缆容量和条数多，路由宽松距离较短，节省电缆费用，缆线敷设和拆除均简单方便，能适应线路增减变化，有较高的灵活性，便于维护管理。但该设计造价较高，会减少房屋的净高，对地板表面材料也有一定要求，如耐冲击性、耐火性、抗静电、稳固性等。

机架走线架方式是在设备（机架）上，沿墙安装走线桥架（或槽道）的敷设方式，走线桥架和槽道的尺寸根据缆线需要设计，它不受建筑的设计和施工限制，可以在建成后安装，便于施工和维护，也有利于扩建。但该设计线缆敷设不隐蔽，不宜在层高较低的建筑中使用。机架上安装走线桥架或槽道时，应结合设备的结构和布置来考虑。

（3）电源配置与标识管理

设备间内集中放置大型数据语音通信设备，因此设备间的电源设计应考虑设备的用电量要求，设备间的总用电量可通过将设备间内存放的每台设备用电量的标称值相加后再乘以系数来估算。设备间应提供 50 Hz 交流三相五线制、三相四线制或单相三线制的 380/220 V 电源，且应采用不间断电源，以防止停电造成网络通信中断，UPS 应提供不少于 2 h 的后备供电能力，不间断电源功率的大小应根据网络设备功率进行计算，并具有 20%~30% 的余量。当设备间内装设计算机主机时，应根据需要配置电源设备；设备间电源应具有过压过流保护功能，以防止对设备的不良影响和冲击，并应可靠接地；设备间内设备用的配电柜应设置在设备间内，并应采取防触电措施。

标识管理也是设备间的一个重要组成部分，设计时应遵守管理子系统的相关规定。

问题 7：进线间设计

百科知识

1）进线间的概念

进线间是 GB 50311 国家标准在系统设计内容中专门增加的，要求在建筑物前期系统设计中增加进线间，满足多家运营商需要，建筑物外部通信和信息管线的入口部位，并可作为入口设施和建筑群配线设备的安装场地，进线间一般通过地埋管线进入建筑物内部，宜在土建阶段实施。

2）进线间的设计

进线间主要是为电信业务运营商提供入口设施。通常一个智能建筑宜设置一个进线间，位于地下一层或一层，提供给多家电信运营商和业务提供商使用，以便于缆线引入。外线宜从两个不同的路由引入，有利于外部管道沟通。进线间因涉及因素较多，难以统一提出具体所需面积，可根据建筑物实际情况，并参照通信行业和国家的现行标准要求进行设计。

进线间设计时应考虑缆线的敷设路由、端接位置及数量、光缆的盘长空间和缆线的弯曲半径、充气维护设备等，大小应按进线间的进出管道容量及入口设施的最终容量设计，进线间应设置防有害气体措施和通风装置，并安装防火门，门向外开，宽度不小于 1 m，同时与进线间无关的水暖管道不宜通过。

进线间线缆配置设计应将建筑群主干电缆和光缆、公用网和专用网电缆、光缆及天线馈线等室外缆线进入建筑物时，在进线间成端转换成室内电缆、光缆，并在缆线的终端处可由多家电信业务经营者设置入口设施，入口设施中的配线设备应按引入的电、光缆容量配置。

问题 8：建筑群子系统设计

百科知识

1）建筑群子系统的概念

建筑群子系统也称为楼宇子系统，主要实现智能建筑与智能建筑之间的通信，建筑群子系统是由连接各建筑物之间的传输介质和各种支持设备（硬件）组成的综合布线子系统，一般采用光缆连接并配置光纤配线架等相应设备。如有的政府机关或大型企业可能分散在几幢相邻建筑物内办公，这时就需要建筑群子系统来连接传输彼此之间的语音、数据、图像和监控等信息。

2）建筑群子系统的设计

建筑群子系统主要应用于多幢智能建筑组成的智能建筑群综合布线场合，单幢建筑物的综合布线系统可以不考虑建筑群子系统。

建筑群子系统的设计主要考虑布线路由、线缆选择与线缆敷设方式等内容，且在设计前必须重视用户需求分析等工作，这些工作是实施设计的依据与指引。同样在建筑群子系统设计之前应认真阅读建筑物设计图纸并与用户进行交流，掌握各智能建筑信息点分布情况、平面设计图、现有系统的状况、设备间位置等，重点掌握各智能建筑外围的强电线路、给（排）水管道、道路和绿化等项目线路等。

（1）布线路由

建筑群子系统路由设计应根据建筑物之间的地形或敷设条件而定，在选择路由时，应选择在较永久性的道路上敷设，并考虑原有已铺设的各种地下管道，但应注意需符合有关标准规定以及与其他管线和建筑物之间的最小净距要求。选择布线路由时除因地形或敷设条件的限制外，线缆在管道内应与电力线缆分开敷设，并保持一定间距，以保证通信线路安全。考虑到节省投资，线缆路由应尽量选择距离短、线路平直的路由，并在用户信息需求点密集的楼群经过，以便供线和节省工程投资。建筑群干线电缆、光缆进入建筑物时，应设置引入设备，并在适当位置终端转换为室内电缆、光缆，引入设备应安装必要保护装置以达到防雷击和接地的要求。建筑群子系统的主干缆线分支到各幢建筑物的引入段落，其建筑方式应尽量采用地下敷设。如不得已而采用架空方式（包括墙壁电缆引入方式），应采取隐蔽引入，其引入位置宜选择在房屋建筑的后面等不显眼的地方。

（2）线缆选择

建筑群子系统敷设的线缆类型及数量由综合布线连接应用系统种类及规模来决定。一般来说，数据网络系统常采用多模或单模室外光缆作为建筑物布线线缆，芯数不少于 12 芯。在网络工程中，经常使用 62.5 μm/125 μm（62.5 μm 是光纤纤芯直径，125 μm 是纤芯包层的直径）规格的多模光缆，有时也用 50 μm/125 μm 和 100 μm/140 μm 规格的多模光纤。户外布线大于 2 km 时可选用单模光纤。建筑群数据网的主干线缆作为使用光缆与电信公用网连接时，应采用单模光缆，芯数应根据综合通信业务的需要而定。建筑群数据网主干线缆如果选用双绞线时，一般应选择高质量的大对数双绞线。当从 CD~BD 使用双绞线电缆时，总长度不应超过 1 500 m。电话系统常采用三类大对数电缆作为布线线缆，为了适合于室外传输，电缆覆盖了一层较厚的外层皮。有线电视系统常采用同轴电缆或光缆作为干线电缆。

（3）线缆敷设方式

设计建筑群子系统线缆布线时，要充分考虑各建筑需要安装的信息点种类、信息点数量，选择相对应的干线电缆的类型以及电缆敷设方式，使综合布线系统建成后，保持相对稳定，能满足今后一定时期内各种新的信息业务扩展需要。当电缆从一建筑物到另一建筑物时，要考虑易受到雷击、电源碰地、电源感应电压或地电压上升等因素，必须保护这些线对。如果电气保护设备位于建筑物内部（不是对电信公用设施实行专门控制的建筑物），那么所有保护设备及其安装装备都必须有 UL 安全标记。建筑群子系统线缆敷设方式主要有地下类型和架空类型两大类。其中，地下方式分为地下管道敷设、直埋敷设和线缆沟道隧道敷设等；架空方式又分为立杆架设和墙壁挂放两种。架空方式根据架空线缆与吊线的固定方式又可分为自承式和非自承式两种。考虑建筑群覆盖区域的整体环境美化要求，尽量采用地下管道或隧道内敷设方式。

任务总结

小杨通过本章的学习，了解了综合布线系统的组成及设计方法，可以协助项目经理完成小型企业办公网络的设计工作。

任务巩固

（1）综合布线系统由哪些子系统构成？
（2）设计综合布线各子系统时分别有哪些注意事项？

任务测试

请根据本章所学知识回答本章任务分析中所提到的几个问题。

第 6 章　布线技能学习篇

 **任务引导**

网络综合布线是一项具有挑战性的工作，它不仅要将所有网络内的通信设备连接起来，还要保障设计施工后的网络满足可靠、可管理、可扩展的需求。网络实施工程师应该了解各种组网方式的特点，针对实际需求完成网络的搭建。本篇内容主要针对工程技能，作为一名有意从事网络方面工作的学员，就要在这一篇的学习中积极动手，培养自己的工程技能。

 **主人公简介**

姓名：小王
性别：男
年龄：24
职业：网络实施工程师
职责：按照设计要求完成网络搭建工作。
性格：70%勤奋+20%聪明+10%幸运。
目标：成为项目经理，拥有一家自己的网络公司。

 **本期工程**

小王所在的**科技网络公司最近获得了一个计算机机房网络建设工程，公司老总将这个项目交给了小王所在的小组。项目经理按照用户的实际需求，对机房网络进行了规划，完成了所需的网络方案后将具体设备、缆线的安装任务交给了小王。作为一名刚参加工作的新人，小王感觉压力巨大，不知道要完成这个同事所说的"非常简单"的工程要哪些技术，自己能否胜任？

工程背景：***计算机数据机房系统建设工程

计算机数据机房是客户数据网络信息存储与交换的中心，其中服务器、网络设备的安全运行直接关系到客户业务的正常运作，因此计算机机房工程必须保证网络和计算机等高级设备能长期而可靠地运行，而电子计算机的稳定、可靠运行要依靠电子计算机房的严格的环境条件，即机房温度、湿度、噪声、振动、静电、电磁干扰等条件及其控制精度。所以，一个合格的计算机机房，应该是一个安全、可靠、实用、高效、不间断和具有可扩充性的机房。

1．机房设计原则

标准性：计算机房系统整体设计，要基于国际标准和国家颁布的有关标准，包括各种建筑、机房设计标准，电力电气保障标准以及计算机局域网、广域网标准，坚持统一规范的原则，从而为未来的业务发展，设备增容奠定基础。

可靠性：为保证各项业务应用，网络必须具有高可靠性。要对机房布局、结构设计、设备选型、日常维护等各个方面进行高可靠性的设计和建设，保障全天不间断对外服务能力。

安全性：保障计算机数据机房物理设备安全，避免任务破坏，保障计算机数据机房设备运行数据安全，提供网络安全保护。

2．机房设计依据

《计算机场地安全条件》（GB 9361—88）

《电子计算机房设计规范》（GB 50174—93）

《建筑内部装修设计防火规范》（GB 50222—95）

《建筑设计防火规范》（GBJ 45—87）

《低压配电装臵及线路设计规范》（GBJ 54—83）

《火灾自动报警系统设计规范》（GBJ 工程 16—87）

《计算机机房施工及验收规范》（SJ/30003—93）

《计算机信息系统安全法规汇编》（公安部编印）

3．计算机机房的规划

根据目前客户的现状及考虑到业务的增长，规划本次机房使用面积约为 2 500 m²，包括设备房、通讯室、UPS 室、介质库、监控室等。

设备房：150 m²，安装 19 寸标准机柜 50 台，在机柜内安装服务器，在服务器机房内同时安装精密空调设备，作为整个机房的动力和空调的中心。

通讯室：20 m²，安装 19 寸标准机柜 10 台，在机柜内安装网络设备、综合布线系统的数据配线架、配电设备，作为整个大楼的数据通信机房。

UPS 室：20 m²，安装 UPS 系统及动力配电柜，作为整个机房的动力输出中心。

监控室：60 m²，安装监控操作控制台，作为服务器的操作终端。

4．系统结构及功能

布线系统是建筑物或建筑群内的传输网络，其作用在于使话音和数据通信设备、交换设备和其他信息管理系统彼此相连，也使这些设备与外部通信网络相连接。对于机房的服务器布线系统而言，主要以工作区子系统、水平布线子系统和垂直干线子系统为主。布线系统拓扑结构建议采用树状星形结构，以支持目前和将来各种网络的应用。在计算机机房中网络机柜内安装 24 口配线架，供服务器和网络设备通过跳线连接，每排的网络列头柜分别引 24 条超五类非屏蔽双绞线至服务器机柜；网络柜分别引 6 条超五类非屏蔽双绞线及 1 条室内 6 芯多模光纤至服网络列头柜；通讯机房每台综合布线机柜引 1 条 6 芯室内光纤至网络柜。

 **任务分析**

本期工程中，小王的具体任务是按照项目经理的设计完成具体的工程实施，将各种网络

硬件设备合理的连接起来,从而实现网络设备的物理连接。在公司中完成网络搭建是网络实施工程师的职责所在,要求工程师对材料和工具都有一个清晰的认识,通过工程将这些线缆、器件、设备安装在一起,构成一个统一、完整的综合布线系统。作为新人,为了能更好地完成这次任务,小王将首先解决以下几个问题。

(1)如何制作一根合格的网络跳线?
(2)怎样玩转网络信息模块?
(3)网络配线架究竟如何用?

问题1：制作一根网线

1. 百科知识

现今在网络组建工程中最常选用线缆是非屏蔽双绞线（UTP），而非屏蔽双绞线的连接方法主要采用的是压接法，即使用一种压接工具将连接器上的金属触点压接进入到单根导线当中，通过与导线内的导体相接触，实现信息的传递。双绞线连接器一般采用标准模块化的"RJ"系统插头和插孔。RJ表示为已注册模块，RJ-45代表8线位模块结构，RJ-11代表4线位或者6线位模块结构。在以往的四类、五类、超五类、六类布线中，都采用的是RJ型接口，而七类线中将允许出现非RJ型接口。RJ型接口可分为RJ-11（1对）、RJ-14（2对）、RJ-25C（3对）、RJ-45（4对）、RJ-48（4对）、RJ-61（4对）等。

1) RJ-45连接插头

RJ-45连接插头是一种透明的塑料接插件，俗称RJ-45水晶头。RJ-45水晶接头前端有8个凹槽（8Position，简称8P），每个凹槽内有1个金属触点，共有8个（8 Contact，简称8C），故RJ-45连接插头能连接8根导线，主要在日常局域网搭建工程中用来实现设备、配线架模块间的连接及变更。RJ-45水晶头通常接在对绞线缆的两端，制作成跳线使用。RJ-45根据端接的线缆类型不同而分为不同种接头，如五类/超五类RJ-45接头，非屏蔽RJ-45接头（见图6.1）和屏蔽RJ-45接头（见图6.2），六类RJ-45接头（见图6.3）。RJ-45水晶头上有8个触点刀片和2个压接点。2个压接点是在使用工具压接时被压接下去，从而牢牢卡住电缆的外皮；8个触点刀片则是V型刀口，通过压线钳的挤压刺破双绞线缆线的绝缘外皮，分别与8根导线连接。

图6.1　非屏蔽RJ-45水晶头　　图6.2　屏蔽RJ-45水晶头　　图6.3　六类RJ-45水晶头

2) RJ-11连接插头

RJ-11连接器比较小巧、简单，标准宽度为9.5 mm，常用于传统的电话业务中。与可以连接8条导线的RJ-45连接插头相比，BJ-11插头使用中间2个触点连接1对导线即可，如图6.4所示。在综合布线系统当中，电话信息系统通常选用8位数据信息模块，通过该模块与采用RJ-11连接插头的跳线相配合连接到电话机，实现电话语音通信。值得注意的是，随着技术的发展，VOIP技术应用越来越广泛，语音通信使用数字电话，信息通过RJ-45插头连接的线缆连入到网络当中，实现了语音的数字化传输。

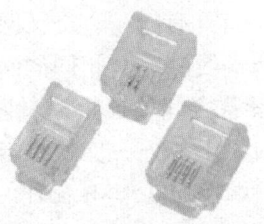

图 6.4　非屏蔽 RJ-11 水晶头

3）RJ 插头线序

在与 RJ-45 插头连接的 UTP 电缆中，共有 4 对导线，每一对都配有一条单色的导线，一条带白色条纹的同色导线，如表 6.1 所示。

表 6.1　UTP 线对编号及线对颜色

线对编号	线对颜色	线对编号	线对颜色
1 号线对	白橙\橙	2 号线对	白蓝\蓝
3 号线对	白绿\绿	4 号线对	白棕\棕

ANSI/TIA*EIA 568-A 是一个美国标准，是用来规范基本通信设施安装中应该使用的正确技术，制定了 2 种接线方案，即 T568A 和 T568B 标准，用以满足语音传输和高速局域网的传输。T568A 和 T568B 标准线序如表 6.2 所示。T568B 标准线序在实际应用中对应水晶头针序如图 6.5 所示。

表 6.2　T568A 和 T568B 标准线序

标准	1	2	3	4	5	6	7	8
T568A	白绿	绿	白橙	蓝	白蓝	橙	白棕	棕
T568B	白橙	橙	白绿	蓝	白蓝	绿	白棕	棕
绕对	同 1 对		与 6 同对		同 1 对		与 3 同对	同 1 对
通信线对	使用 1、3 和 2、6 线对进行通信							

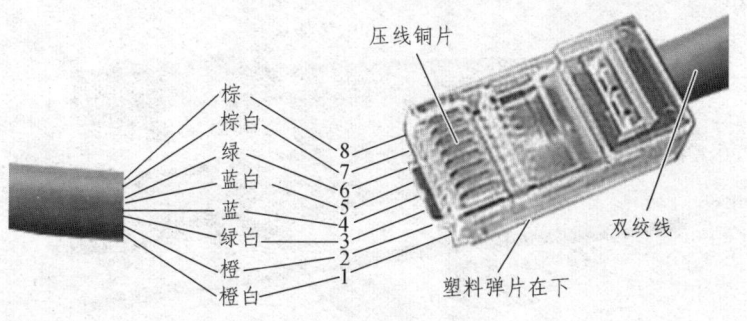

图 6.5　T568B 线序对应水晶头针序

4）连接网线的制作方法

根据网线应用的场合，网线可分为直通网线、交叉网线和反转网线。

（1）直通网线。直通网线就是两端线序完全相同的网线，两端都是遵循 T568A 或 T568B 标准。直通线缆主要适用与不同种设备之间的连接，具体使用场合有交换机、集线器级连，交换机（路由器、集线器）与计算机网卡相连，交换机与路由器相连。

（2）交叉网线。交叉双绞线的一端按照 T568B 制作，另一端按照 T568A 制作，即两个水晶头的连线交叉连接，一端水晶头的 1、2 引脚对应另一端的 3、6 引脚。交叉线缆主要适用与同种设备之间的连接，具体使用场合有交换机与交换机普通端口相连，集线器与集线器普通端口相连，计算机网卡与计算机网卡相连，路由器与路由器相连。

（3）反转网线。反转网线一端按照 T568B 制作，另一端按照 T568B 的反序制作，或者一端按照 T568A 制作、另一端按照 T568A 的反序制作，反转网线两端线序完全相反。反转线缆主要适用于电脑和 CISCO 设备之间的连接，具体使用方法如下：反转线一头是 RJ-45 水晶头，接 CISCO 设备的 Console 口，另一头是 RS-232C 9 针母头，接电脑 9 针串口公头。

2．RJ-45 插头连接器的制作

在综合布线工程中，不论使用 T568A 线序端接或者采用 T568B 线序端接都是通用的。双绞线的线序顺序要与 RJ-45 水晶头的引脚序号一一对应，制作跳线前应先将水晶头 8 个铜片触点朝向自己，开口向下，从左至右编号排为 1~8。10 M 网线使用 1236 编号线芯（12 发送，36 接受，4578 双向线）传递数据，100 M 网线使用 4578 编号线芯（4578 为双向线）传递数据，1 000 M 网线使用 1~8 编号线芯传递数据。

* 在企业中一名合格的网络布线工程师一般要求是在 1 个工作日中能成功完成 150 条网线的跳线制作。

图 6.6　制作水晶头时放置图

步骤 1：准备好网线跳线需要的工具及材料，如网线压接钳、RJ-45 插头、超五类 UTP 网线，如图 6.7 所示。

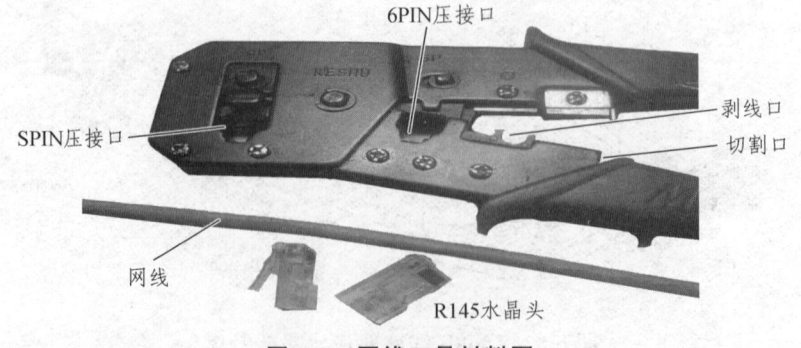

图 6.7　网线工具材料图

步骤 2：用压线钳的剥线刀口将超五类网线的外保护套管划开（注意：不要将网线里面线芯的绝缘层划破），超五类网线的端头外皮至少剥去 2 cm 以上，如图 6.8 所示。

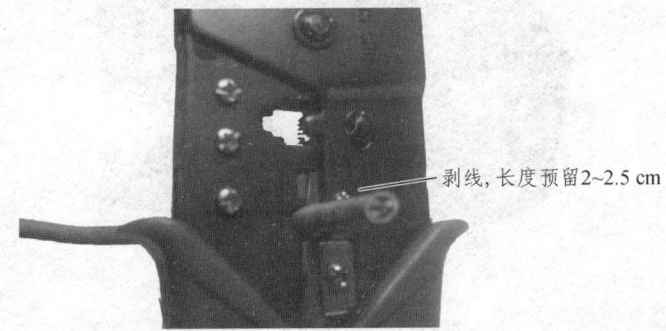

图 6.8　剥去网线端头外皮

步骤 3：将划开的外保护套管剥去（旋转外保护套、向外抽去外皮），如图 6.9 所示。

图 6.9　剥去网线保护套

步骤 4：剥去超五类线保护套后露出电缆中的 4 对双绞线，将 4 对双绞线一一拆分理顺，按照 T568B 线序将 8 根网线排列整齐，如图 6.10 所示。

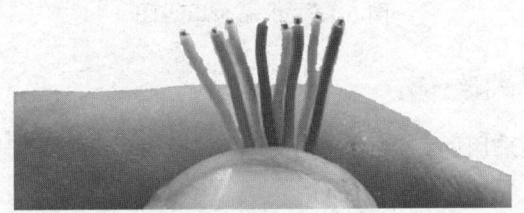

图 6.10　网线线芯排列图

步骤 5：将网线的 8 芯剪得整齐，预留导线长度不可太短（10～12 mm），将剪整齐的电缆线放入 RJ-45 插头，查看双绞线的外保护层是否能在 RJ-45 插头内的凹陷处被压实，如图 6.11 所示设置网线线芯。

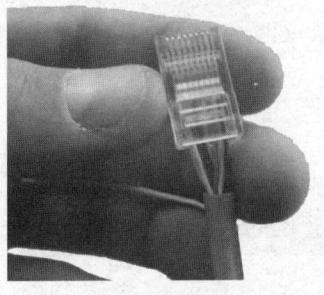

图 6.11　水晶头放置网线线芯图

步骤 6：检查 8 个线芯在放入水晶头时没有发生错位后，将 RJ-45 插头放入压线钳的压头槽内，双手紧握压线钳的手柄，用力压紧，如图 6.12 所示。

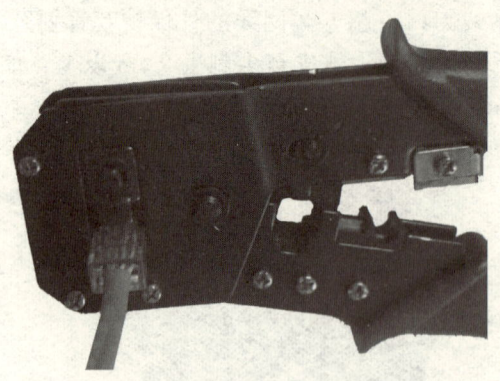

图 6.12　水晶头压线图

步骤 7：压紧后检查水晶头是否压接完成如图 6.13 所示。

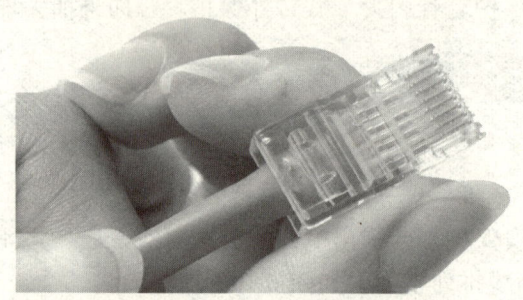

图 6.13　水晶头压线图

3．双绞线的测试验证

双绞线制作完成后可采用网络测试仪来进行测试，通过观察测试仪上指示灯闪亮的变化来判断线缆制作的正确与否。

（1）在测试直通网线时，测试仪两端指示灯按照 1～8 的顺序从上往下依次闪亮。如遇不亮则指示灯对应的纤芯端接不通；如两端指示灯闪亮的顺序不对，则说明水晶头中线序不对。

（2）在测试交叉网线时，测试仪两端指示灯闪亮顺序为 1-3，2-6，3-1，4-4，5-5，6-2，7-7，8-8。如遇不亮，则指示灯对应的纤芯端接不通；如两端指示灯闪亮的顺序不对，则说明水晶头中线序不对。

（3）在测试反转网线时，测试仪两端指示灯闪亮顺序相反，即一端按 1～8 顺序闪亮，另一端按 8～1 顺序闪亮。

职场小贴士：
　　成功=艰苦的劳动+正确的方法+少说空话。——爱因斯坦

问题 2：信息模块

1. 百科知识

1）信息面板

信息面板是一块安装在墙面上或墙面内用来固定各种不同种类和数量信息模块的金属板或塑料板，它在工作区中起着支撑和保护信息模块的作用。信息面板通用化程度高，组合范围广，安装方便，可安装各种模块或耦合器。面板上一般带有标签，用以标记插孔信息。目前绝大多数知名布线产品供应商都能够提供进口或国产的面板，满足用户的实际需要。信息面板可以如下进行分类。

（1）面板风格

目前进口信息面板主要分为以美国为代表的北美风格面板和以法国、德国以及英国产品为代表的欧洲风格面板。北美风格面板一般不包括防尘弹簧拉门，采用插拔式防尘盖，RJ-45 模块可以 90°或 45°任意方式安装在面板上，具备良好的使用功能。欧洲风格面板通常装有防尘弹簧拉门以及可更换标识，外形美观、实用方便。

（2）面板接口数量

信息模块面板根据用户的使用需求，在面板上可以提供不同数量的接口，常见的有单开面板、双孔面板、多孔面板等，如图 6.14 所示。

图 6.14 单孔、双孔、四孔信息面板

（3）面板型号

面板按照型号主要可分为 86 型、120 型和 118 型，目前国内最常用款式是 86 型面板。86 型面板是指它的长度和宽度都为 86 mm，图 6.14 上的面板均为 86 型。国外常用的 120 型和 118 型，如图 6.15 所示。120 型一般竖向安装，长度和宽度为 120 mm×74 mm。118 型面板是自由组合型，长度和宽度为 118 mm×72 mm。

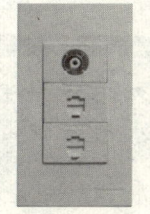 

图 6.15 120 型、118 型信息面板

（4）面板接口种类

信息模块面板可以根据需求安装不同种类的信息模块或耦合器，如 RJ-45 接口面板、RJ-11 接口面板、BNC 接口面板、光纤接口面板等，如图 6.16 所示。

DTT-FH-SC21　　DTT-FH-ST21

图 6.16　RJ-11 接口面板、BNC 接口面板、光纤接口面板

2）接线盒

在综合布线工程中，与信息面板配套应用的是用来装信息模块的插座底盒。目前常用的有金属插座底盒和塑料插座底盒，其尺寸与信息面板尺寸相配合。在新建的智能建筑中，人们往往采用暗装信息底盒（见图 6.17），将盒体埋设在墙内预留洞孔，与暗敷管路系统配合。在已建成的建筑物中，信息插座的安装方式可根据具体环境条件下采取明装（见图 6.18）或暗装方式。

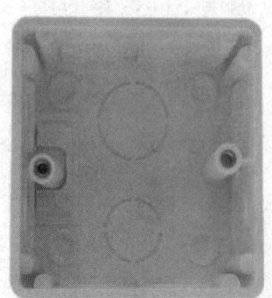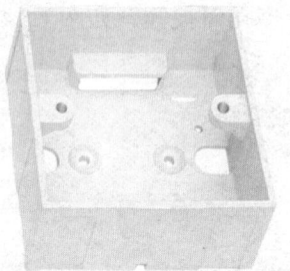

图 6.17　暗装型底盒　　　　　图 6.18　明装型底盒

在施工过程中，按照信息底盒安装的位置还可分为墙壁型信息底盒（见图 6.17、图 6.18）、地面型信息底盒（见图 6.19）、桌面型信息底盒（见图 6.20）。地面型信息底盒是安装在地面上或活动地板上的地面信息插座。在不使用时，插座面板与地面齐平，信息盒体埋在地面下，不影响人们日常行动。在使用时插座面板弹起与地面形成 45°，便于人们插接使用。桌面型信息底盒是安装在人们较长使用的工作区桌面上，其特点是功能丰富，外观美观。

图 6.19　暗装底盒　　　　　图 6.20　明装底盒

3）信息模块

信息模块在工作区中用于端接水平电缆的配件，它与 RJ-45 连接插头配合使用，RJ-45 连接头插入模块后与信息模块的 8 个相应的触点连接在一起实现通信。常见的非屏蔽模块高、宽、厚分别为 2 cm、2 cm 和 3 cm，可在标准面板上以 90°或 45°角卡接安装。信息模块结构包括连接块、弹片及模块插孔，如图 6.21 所示。信息模块连接块共有 8 个狭槽（左右各 4 个狭槽），在使用时按照色标标签通过打线工具或者特殊的连接器帽盖将双绞线导线压到 8 个狭槽中，狭槽中的刀片会划破绝缘层与纤芯导体接触完成物理连通。信息模块弹片用来与面板锁定，安装时信息模块斜向下插入面板，板正卡接到面板上，拆卸时则过程相反。信息模块插入孔有 8 根针状金属触点，8 根针状金属触点具有弹性，水晶头插入后与水晶头的触点弹性接触完成信息的传输。

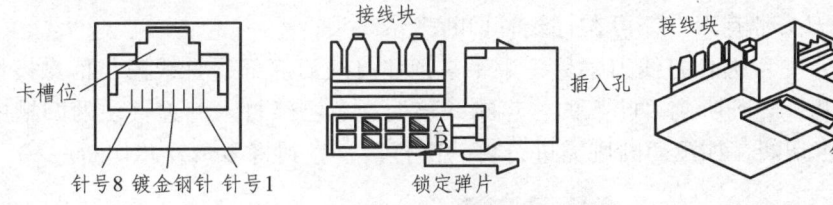

图 6.21　信息模块结构图

信息模块根据打线方式不同，分为打线式信息模块和免打式信息模块两类。打线式信息模块（见图 6.22）需用专用的打线工具将双绞线线芯压到信息模块的接线块中，而免打线式信息模块（见图 6.23）则不需专用的打线工具，只需用帽盖将双绞线导线压到信息模块的接线块里中，操作方便，成功率高，目前为市场主流产品。

 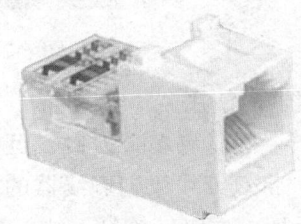

图 6.22　打线式信息模块　　　　图 6.23　免打线式信息模块

信息模块根据使用场合要求，分为非屏蔽信息模块（UTP）和屏蔽信息模块（见图 6.24）。当用户需要搭建屏蔽网络，对信息进行保护或防止外部环境干扰时，除了选用屏蔽类传输介质，还需有屏蔽配件相结合，保证信号系统的整体屏蔽。

图 6.24　屏蔽信息模块

2．RJ-45 信息模块的端接

RJ-45 信息模块端接工艺简单、操作方便，对于初学者来说 5 min 即可学会。但工程中对 RJ-45 信息模块端接质量要求很高，一名合格的网络工程师需要经过苦练才能达到标准要求。

1）打线工具的使用

在完成 RJ-45 打线式信息模块端接时要使用的工具主要有网线打线刀和网线剥线器，如图 6.25 和图 6.26 所示。网线打线刀用来将双绞线纤芯打接入信息模块的连接块中，网线剥线器用来快速剥离双绞线外皮。

（1）网线打线刀的使用

① 网线打线刀的头部可根据需要进行拧换；

② 网线打线刀头带有刀口，可在打线时切断多余线头；

③ 操作方法：一手握住打线刀，另一手手掌顶住打线刀底部，打线刀与信息模块垂直，均匀用力打接纤芯，直到听到"咔"的一声响，表明纤芯已经打入到连接块的凹槽中，最后检查多余纤芯是否切断，如没切断则需进行再一次打接，直到将多余纤芯切断。

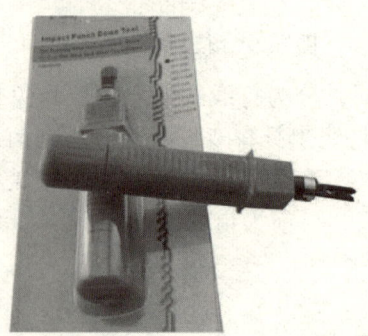

图 6.25　网线打线刀

（2）网线剥线器的使用

① 网线剥线器一般具有多个刀口，可根据线缆的粗细进行选择，如图 6.26 所示；

② 操作方法：将双绞线放到剥线器的刀口中，选择好剥线的长度，让剥线刀将双绞线夹住，握住剥线刀手柄，逆时针旋转一周，松开剥线刀，将要剥去的双绞线外皮移除，同时检查双绞线纤芯是否在剥线时发生破损，如有破损则需剪断后重新剥线。

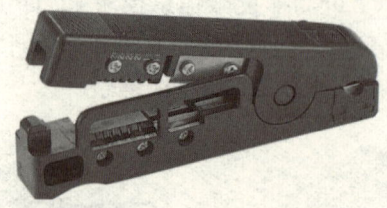

图 6.26　网线剥线器

2）打线式信息模块端接

（1）将双绞线从信息插座底盒中拉出 20～30 cm，用网线剥线器剥除 10 cm 的网线外护套。

将双绞线中缠绕的线对解开，剪除网线中的抗拉绳。

（2）根据信息模块连接块两旁的色标，分别把双绞线中的 8 根纤芯压到对应颜色的插槽中。

（3）使用打线刀将 8 根纤芯依次打入到插槽中，切断伸出的多余线芯。注意，在使用打线刀时要明确刀刃方向，打线后纤芯一定要要压实，不能有松动，如图 6.27 所示。

（4）将制作好的信息模块扣入信息面板上，注意模块的上下方向。

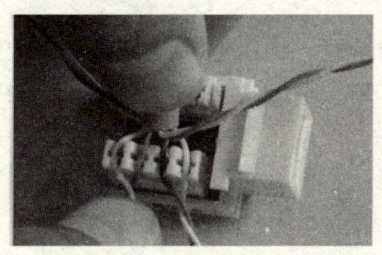 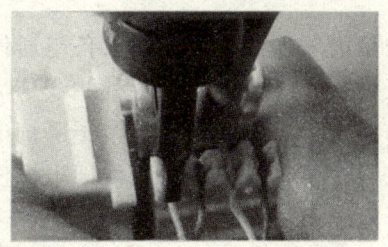

图 6.27　信息模块打接图

3）模块端接时应注意问题

在工程施工中，有的工程师会使用一些非规范工具（如美工刀、狭小铁片等）进行模块端接，这些工具极易伤害模块和纤芯，造成端接模块的报废或缆线纤芯的短路，因此最好不要使用。

* 在企业中一名合格的网络布线工程师一般要求是在 1 个工作日中能成功完成 120 个模块的端接。

* 为保证工程质量，网络工程师最好一次性完成模块的端接，重复端接的模块会影响通信性能。

 职场小贴士：
　　有的时候你必须跳出窗外，然后才能在坠落的过程中长出翅膀。

问题3：网络配线架应用方法

1. 百科知识

配线架是用来连接网络通信设备与通信缆线的装置，缆线进入到机柜中与配线架进行互连或交接操作，配线架再通过各种跳线与交换机、路由器等设备连接实现网络的联通。配线架在综合布线工程中主要连接干线子系统电缆和水平子系统电缆，起到中转连接的作用，其位置主要安装在机柜或墙上。配线架根据使用的用途不同，可分为网络数据配线架、语音配线架和光纤配线架。下面我们分别来介绍这几种配线架。

1）网络数据配线架

目前网络数据配线架一般选用 RJ-45 系列配线架，该类配线架可以为电话、计算机网络系统等提供可靠的跳线管理。双绞线配线架的型号有很多，各个厂家都有自己的系列产品。双绞线配线架的优点是体积小，端接简单，连线灵活，可重复使用。双绞线配线架按照提供的模块不同主要有3类、5类、5e类、6类、7类。3类配线架系类可以用来配置语音线路；5类、5e类等配线架可以用来搭建高速计算机网络数据系统。双绞线系列配线架根据所包含的接口数量一般分为12口、24口和48口等。通常以24口为一个单元，其厚度为1U（1U=44.45 mm），宽度为19 in（约为48.3 cm）。另外根据应用场合的不同配线架又可分为屏蔽配线架和非屏蔽配线架，分别如图6.28和图6.29所示。

* 在工程中目前普遍使用模块式配线架，这类配线架实际上由一个可装配备各类模块的空板和模块组成，用户根据实际应用选择模块类型和数量，端接模块后将其安装到配线架上。

图 6.28 超五类非屏蔽网络数据配线架

图 6.29 超五类屏蔽网络数据配线架

2）语音配线架

在工程中语音配线架通常采用110型配线架系统。AT&T公司于1988年首先推出了110型配线架系统，该系统后来成为工业标准。110型配线架系统主要由配线架、连接块、跳线和标签组成。110型配线架是配线管理系统核心，在设备间的主配线架和分配线间的分配线架中与主干线缆及水平线缆进行端接。110型配线架外形类似鱼骨架，有25对、50对、100对（见图6.30）、300对多种规格，具有体积小、密度高、价格便宜的优点。110型配线架在使用时，将导线沿着配线模块按照线序从左到右放入齿形条槽缝里，然后用打线刀把连接线缆"冲压"到配线模块的齿形凹槽中，实现电缆的连接。110型配线架系统的连接块是一个小型的阻燃塑料段，一端有尖的夹子，另一端有若干齿形塑料凹槽，中间通过熔锡（银）的接线柱连通。连接块在使用时通过工具压接到配线模块齿形条上，通过跳线实现连通，连接块有4对和5对。

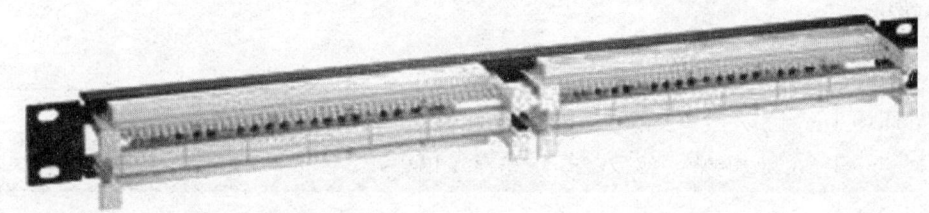

图6.30　100对110语音配线架

3）光纤配线架

光纤配线架又叫光纤配线盒（见图6.31），主要用来连接光纤尾纤和光缆，对光缆和裸露的光纤进行保护。光纤配线架前端为安装耦合器的空洞，使用时将耦合器安装上，同尾纤接口连接实现链路的连通。光纤配线架一般放置在机柜或机架中，远离灰尘和其他有污染物的地方。

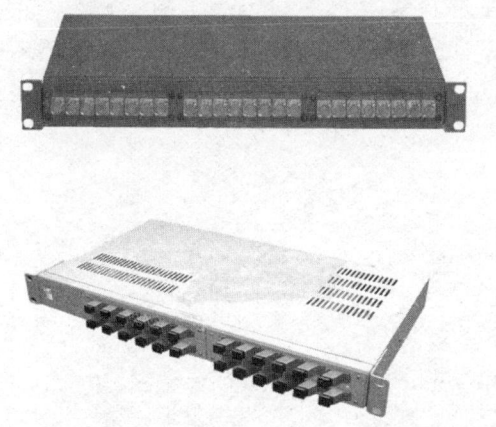 

图6.31　光纤配线架

2. 非屏蔽网络配线架的端接

网络配线架端接方法简单，与信息模块端接工艺相近，即使用网络打线刀按照配线架背面颜色标签将网线逐根打接到凹槽当中，值得注意的是不同品牌的配线架打接线序均有所不同，故打接前一定要认真研读配线架颜色标签或使用说明书。非屏蔽网络配线架端接方法步骤主要有：

（1）取出整理网络配线架，如网络配线架带有理线器，则按照说明将理线器安装好，保障缆线的规整。

（2）整理要打接的线缆，预留用于绑扎固定的缆线长度后将多余的线缆剪掉。

（3）使用剥线钳剥除双绞线的绝缘层外皮，注意在剥外皮时一定不要损害线芯。

（4）依据所配线架打接线序的说明，将双绞线的 4 对线按照正确的顺序分开。注意，千万不要将线对拆开。在保证每对线不拆开的情况下将线芯一一放入到配线架的线槽中。

（5）使用网络打线刀一一打接线芯，端接配线架与双绞线。

（6）每根网线打接成功后将线缆用尼龙扎带固定到理线器上，剪掉扎带多余的线头，完成配线架端接。

职场小贴士：
　　生命有如铁砧，愈被敲打，愈能发出火花。

问题 4：光纤端接

百科知识

1) 光 纤

光纤是光导纤维的简写，是一种由玻璃或塑料制成的纤维，可作为光传导工具。传输原理是光的全反射。前香港中文大学校长高锟和 GeorgeA.Hockham 首先提出光纤可以用于通信传输的设想，高锟因此获得 2009 年诺贝尔物理学奖。

2) 光纤的种类

光纤的种类很多，根据用途不同，所需要的功能和性能也有所差异。但对于有线电视和通信用的光纤，其设计和制造的原则基本相同，诸如：损耗小，有一定带宽且色散小，接线容易，易于成缆，可靠性高，制造比较简单，价格低廉等。光纤的分类主要是从工作波长、折射率分布、传输模式、原材料和制造方法上进行分类的。具体分类如下所示。

（1）工作波长：紫外光纤、可观光纤、近红外光纤、红外光纤（0.85 μm、1.3 μm、1.55 μm）。

（2）折射率分布：阶跃（SI）型光纤、近阶跃型光纤、渐变（GI）型光纤、其他（如三角形、W 形、凹陷形等）。

（3）传输模式：单模光纤（含偏振保持光纤、非偏振保持光纤）、多模光纤。

（4）原材料：石英光纤、多成分玻璃光纤、塑料光纤、复合材料光纤（如塑料包层、液体纤芯等）、红外材料等。按被覆材料还可分为无机材料（碳等）、金属材料（铜、镍等）和塑料等。

（5）制造方法：预塑有汽相轴向沉积（VAD）、化学汽相沉积（CVD）等，拉丝法有管律法（Rodintube）和双坩埚法等。

3) 光纤的连接方法

在实际应用中，光纤与光纤的连接，一般采用热熔接和冷接两种方法来进行施工。

（1）热熔接法

使用光纤熔接机的高压电弧将两根光纤熔化后连接起来，这种方法早期一般用于长距离通信施工，不过随着人们对网速需求的提高和光纤入户的兴起，热熔接法也用于短距离光纤铺设施工（如小区宽带网和光纤入户等），现已成为国际上主流的光纤施工方法。

① 熔接机的选择

应根据光缆工程要求，配备蓄电池容量和精密度合适的熔接设备。日本 FSM-30S 电弧熔接机性能优良，运行稳定，熔接质量高，且配有防尘防风罩和大容量电池，适宜于各种大中型光缆工程。而西门子 X-76 熔接机体积较小，操作简单，备有简易切刀，蓄电池和主机合二为一，携带方便，精度比前者稍差，电池容量较小，适宜于中小型光缆工程。

② 熔接程序

熔接前应根据光纤的材料和类型，设置好最佳预熔主熔电流和时间以及光纤送入量等关键参数。熔接过程中还应及时清洁熔接机"V"形槽、电极、物镜、熔接室等，随时观察熔接中有无气泡、过细、过粗、虚熔、分离等不良现象，注意 OTDR 测试仪表跟踪监测结果，及时分析产生上述不良现象的原因，采取相应的改进措施。如多次出现虚熔现象，应检查熔接的两根光纤的材料、型号是否匹配，切刀和熔接机是否被灰尘污染，并检查电极氧化状况，若均无问题则应适当提高熔接电流。

③ 盘纤

盘纤是一门技术，也是一门艺术。科学的盘纤方法，可使光纤布局合理、附加损耗小、经得住时间和恶劣环境的考验，可避免因挤压造成的断纤现象。

④ 盘纤的方法

先中间后两边。即先将热缩后的套管逐个放置于固定槽中，然后再处理两侧余纤。该方法的优点是有利于保护光纤接点，避免盘纤可能造成的损害。在光纤预留盘空间小、光纤不易盘绕和固定时，常用此种方法。

从一端开始盘纤，固定热缩管，然后再处理另一侧余纤。该方法的优点是可根据一侧余纤长度灵活选择铜管安放位置，方便、快捷，可避免出现急弯、小圈现象。

特殊情况的处理。如个别光纤过长或过短时；可将其放在最后；单独盘绕；带有特殊光器件时；可将其另一盘处理；若与普通光纤共盘时；应将其轻置于普通光纤之上；两者之间加缓冲衬垫；以防止挤压造成断纤；且特殊光器件尾纤不可太长。

根据实际情况采用多种图形盘纤。按余纤的长度和预留空间大小，顺势自然盘绕，勿生拉硬拽，应灵活地采用圆、椭圆、"CC"、"~"多种图形盘纤（注意 $R \geq 4 \text{ cm}$），尽可能最大限度利用预留空间，有效降低因盘纤带来的附加损耗。

⑤ 确保光缆接续质量

加强 OTDR 测试仪表的监测对确保光纤的熔接质量、减小因盘纤带来的附加损耗和封盒可能对光纤造成的损害具有十分重要的意义。在整个接续工作中，必须严格执行 OTDR 测试仪表的四道监测程序。

a. 熔接过程中对每一芯光纤进行实时跟踪监测，检查每一个熔接点的质量。

b. 每次盘纤后，对所盘光纤进行例检，以确定盘纤带来的附加损耗。

c. 封接续盒前对所有光纤进行统一测定，以查明有无漏测和光纤预留空间对光纤及接头有无挤压。

d. 封盒后，对所有光纤进行最后监测，以检查封盒是否对光纤有损害。

光缆接续是一项细致的工作，特别在端面制备、熔接、盘纤等环节，要求操作者仔细观察，周密考虑，操作规范。总之，要培养严谨细致的工作作风，勤于总结和思考，才能提高实践操作技能，降低接续损耗，全面提高光缆接续质量。

（2）冷接法

冷接法是相对于热熔接法而言的，指不需要高压电弧放电来融化光纤，而使用光纤冷接子来将光纤连接起来或将光纤接入到光通信设备中。

光纤冷接子指用于光纤对接光纤或光纤对接尾纤，这个就相当于做接头。光纤对接尾纤是指光纤与尾纤的纤芯对接而不是前者说的尾纤头。它内部的主要部件就是一个精密的 V 型槽，在两根尾纤拨纤之后利用冷接子来实现两根尾纤的对接。冷接法操作简单快速，比用熔接机熔接省时间。

光纤冷接子的优点主要有以下几点。

① 结构上采用非预埋光纤式结构

器件内部无预埋光纤及匹配膏，光纤安装夹紧后，可用放大镜对光纤端面进行检查，可避免光纤连接损耗偏大情况的出现。轴向带定位机构，夹紧过程中，光纤不会轴向前移。

② 光纤夹紧的可靠性非常好

光纤夹持元件均采用弹性金属材料制造，不存在塑料元件的老化问题，温度变化对光纤夹持力几乎无影响，另外，器件内部带防松机构，器件抗震动，抗跌落性能都非常好。

③ 接续的稳定性好

光纤对接处有轴向贴紧力，光纤对接时，两光纤端面间隙几乎为零，所以连接损耗常常小于 0.3 dB，甚至小于 0.1 dB 的情况也常出现。由于不使用光纤匹配膏，不存在光纤匹配膏的流失，污染以及老化问题。另外，光纤夹紧的可靠性非常好也决定了接续的稳定性非常好。

④ 插入损耗小

由于器件按非预埋光纤式结构设计，光纤对接点只有一个。所以，连接损耗一般小于现有光纤快速连接器。

⑤ 光纤快速接续连接器在线抗拉力对连接损耗无影响

器件承受的轴向拉力，直接作用于器件的壳体上，连接器的陶瓷插针不受拉力，不影响光纤对接效果，所以对连接损耗无影响。

⑥ 使用成本很低

器件的制造成本较低，售价较低安装非常简单，几乎不需要专用施工工具。随着全球光纤到户（FTTH）的逐渐实施，性能优良，使用成本很低的产品必然是市场的主流。

⑦ 使用维护性好

安装维护非常简单，不管是施工人员，还是用户，只需进行简单指导或阅读《安装说明书》，使用光纤施工的常用工具就能完成安装维护。

⑧ 安装速度非常快

器件带特有的光纤导向机构，穿光纤非常快速方便。如果对裸纤施工，不到 10 s 即可完成光纤定位夹紧，包括对光缆进行压接，一般在 30 s 左右（除光纤准备时间）可完成安装。

职场小贴士：
　　人不能太宠自己；该吃苦就要学会吃点苦。

问题 5：线（管）槽安装

1. 百科知识

1）电工工具箱

电工工具箱是综合布线施工中必备的工具，它一般应包括以下工具：钢丝钳、尖嘴钳、斜口钳、剥线钳、一字螺丝批、十字螺丝批、测电笔、电工刀、电工胶带、活扳手、呆扳手、卷尺、铁锤、凿子、斜口凿、钢锉、钢锯、电工皮带、工作手套等。

2）电源线盘

在室外施工现场，由于施工范围广，不可能随地都有电源，因此需要用长距离的电源线盘接电，线盘长度有 20 m、30 m 和 50 m 等型号。

3）五金工具

五金工具线槽剪、台虎钳、梯子、管子台虎钳、管子切割器、管子钳、螺纹铰板、弯管器。

4）电动工具

电动工具主要有电旋具、手电钻、冲击电钻、电锤、电镐、曲线锯、角磨机、型材切割机、台钻。

2. 建筑物内主干布线的管槽安装施工

1）引入管路

综合布线系统引入建筑物内的管路部分通常采用暗敷方式。引入管路从室外地下通信电缆管道的入孔或手孔接出，经过一段地下埋设后进入建筑物，由建筑物的外墙穿放到室内，这就是引入管路的全部。

综合布线系统建筑物引入口的位置和方式的选择需要会同城建规划和电信部门确定，应留有扩展余地。对于入口钢管，要采用防腐和防水措施；钢管穿过墙基后应延伸到未扰动地段，以防出现应力；预埋钢管应由建筑物向外倾斜，坡度不小于 0.4%；在两个牵引点之间不得有两处以上 90°拐弯；光缆引入时应预留 5~10 m；架空电缆（光缆）引入时要注意接地处理；综合布线线缆不得在电力线或电力装置检修孔中进行接续或端接。

2）综合布线系统上升部分的建筑结构类型

综合布线系统上升部分的建筑结构类型有所区别，基本上有上升管路、电缆竖井和上升房三种类型。

（1）上升管路设计安装

上升管路的装设位置一般选择在综合布线系统线缆较集中的地方，宜在较隐蔽角落的公用部位（如走廊、楼梯间或电梯厅等附近地方），各个楼层的同一地点设置；不得在办公室或客房等房间内设置，更不宜过于邻近垃圾道、燃气管、热力管和排水管以及易爆易燃的场所，以免造成危害和干扰等。

上升管路是综合布线系统的建筑物垂直干线子系统线缆的专用设施，既要与各个楼层的楼层配线架（或楼层配线接续设备）互相配合连接，又要与各楼层管路相互衔接。

（2）电缆竖井设计安装

综合布线系统的主干线路在竖井中一般有以下几种安装方式。

将上升的主干电缆或光缆直接固定在竖井的墙上，它适用于电缆或光缆条数很少的综合布线系统。

在竖井墙上装设走线架，上升电缆或光缆在走线架上绑扎固定，适用于较大的综合布线系统。在有些要求较高的智能化建筑的竖井中，需安装特制的封闭式槽道，以保证线缆安全。

在竖井内墙壁上设置上升管路，这种方式适用于中型的综合布线系统。

3. 建筑物内水平布线的管槽安装施工

1）预埋暗敷管路

（1）预埋暗敷管路宜采用对缝钢管或具有阻燃性能的聚氯乙烯（PVC）管。

（2）预埋暗敷管路应尽量采用直线管道。直线管道超过 30 m 处再需延长距离时，应设置暗线箱等装置，以利于牵引敷设电缆。

（3）暗敷管路如必须转弯时，其转弯角度应大于 90°。每根暗敷管路在整个路由上转弯的次数不得多于两个，暗敷管路的弯曲处不应有折皱、凹穴和裂缝，更不应出现"S"形弯或"U"形弯。

（4）暗敷管路的内部不应有铁屑等异物存在，以防堵塞不通，必须保证畅通。

（5）暗敷管路如采用钢管，其管材接续的连接应符合下列要求：丝扣连接（即套管套接）的管端套丝长度不应小于套管接头长度的 1/2，在套管接头的两端应焊接跨接地线，以便于连成电气通路。薄壁钢管的连接必须采用丝扣连接，套管焊接适用于暗敷管路。套管长度为连接管外径的 1.5～3 倍，两根连接管的对口应处于套管的中心，焊口应焊接严密，牢固可靠。

（6）暗敷管路以金属管材为主时，如在管路中间设有过渡箱体，应采用金属板材制成的箱体，以便于连成电气通路，不得混杂采用塑料材料等绝缘壳体连接。

（7）暗敷管路在与信息插座（又称通信引出端或接线盒）、拉线盒（又称过线盒）等设备连接时，由于安装场合、具体位置以及所用材料不同，就有不同的安装方法。

（8）暗敷管路进入信息插座、出线盒等接续设备时，应符合下列要求：暗敷管路采用钢管时，可采用焊接固定，管口露出盒内部分应小于 5 mm。明敷管路采用钢管时，应用锁紧螺母或护套帽固定，露出锁紧螺母丝扣 2～4 扣。硬质塑料管应采用入盒接头紧固。

2）明敷配线管路

（1）明敷配线管路采用的管材，应根据敷设场合的环境条件选用不同材质和规格，一般有如下要求。

在潮湿场所或埋设于建筑物底层地面内的钢管，均应采用管壁厚度大于 2.5 mm 的厚壁钢管；在干燥场所（含在混凝土或水泥砂浆层内）的钢管，可采用管壁厚度为 1.6~2.5 mm 的薄壁钢管。如钢管埋设在土层内时，应按设计要求进行防腐处理。使用镀锌钢管时，应检查其镀锌层是否完整，镀锌层剥落或有锈蚀的地方应刷防腐漆或采用其他防腐措施。

（2）明敷配线管路应排列整齐，且要求固定点或支承点的间距均匀。由于管路采用的管材不同，其间距也有区别。采用钢管时，其管卡、吊装件（如吊架）与终端、转弯中点和过线盒等设备边缘的距离应为 150~500 mm。采用硬质塑料管时，其管卡与终端、转弯中点和过线盒等设备边缘的距离应为 100~300 mm。

（3）明敷配线管路不论采用钢管还是塑料管或其他管材，与其他室内管线同侧敷设时，其最小净距应符合有关标准规定。

3）预埋金属槽道（线槽）

（1）在线缆敷设路由上，金属线槽埋设时不应少于两根，但不应超过 3 根，以便灵活调度使用和适应变化需要。

（2）金属线槽的直线埋设长度超过 6m，或线槽在敷设路由上交叉分支或转弯时，为了便于施工时敷设线缆及今后检查维护，应设置分线盒。

（3）金属线槽和分线盒预埋在地板下或楼板中，有可能影响人们生活和走动等情况，因此除要求分线盒的盒盖应能方便开启以便使用外，其盒盖表面应与地面齐平，不得凸起高出地面。盒盖和其周围应采用防水和防潮措施，并有一定的抗压功能。

（4）预埋金属线槽的截面利用率，即线槽中线缆占用的截面积不应超过 40%。

（5）预埋金属槽道与墙壁暗嵌式配线接续设备（如通信引出端的连接）应采用金属套管连接法。

 **任务总结**

小王主要学会了双绞线、信息面板、信息模块、工程配线架的组成、种类、规格及连接方式和应用情况。本章内容重点讲述了双绞线跳线制作、信息模块端接、网络配线架的安装步骤、连接方法，同时也介绍了语音配线架等设备的使用场合和注意情况。

 **任务巩固**

（1）练习制作网络跳线。
（2）在实训室进行端接模块的练习，要求能熟练正确地进行模块的端接。
（3）在实训台上进行网络配线架的连接练习，注意配线架端接的线序。

 **任务测试**

请根据本章所学知识回答本章任务分析中所提到的 3 个问题。

第 7 章　工程测试验收篇

任务引导

综合布线工程在施工期间要对布线系统进行局部测试，施工完成之后要对综合布线系统进行全面的测试，以确认布线系统的可靠性以及是否满足设计规范要求。由于综合布线过程是一个复杂的过程，有些线缆是埋藏在地下、墙面里、吊顶上或者地板底下，会导致线缆的故障难于确定和维修，而且费时费力，一旦等系统完成时再进行测试会造成巨大的损失。所以，在综合布线系统中一般采用两种测试方式。第一种是"随装随测"，即在施工过程中，利用测试工具，每完成一部分布线就测试该线缆的连通性，以及接线图、通断性及电缆的长度，布线施工是否满足设计规范；第二种是当布线系统完成后进行系统测试，验证系统是否达到设计标准，包括连接性测试和电气性测试。本篇知识对应的岗位是企业中的测试工程师或网络售后工程师，他们的工作是工程成功的保障，是工程顺利进行的前提。

主人公简介

姓名：小郭
性别：男
年龄：25
职业：网络售后工程师
职责：负责设计过程中的设计质量和设计进度的监控；负责施工现场的质量、进度等的监督与控制；参与审查竣工资料和对单位工程初验和竣工验收。
性格：性格开朗、待人真诚、对工作有上进心、具有团队精神。
目标：积极参加项目实践，积累项目知识和管理能力，尽快成为项目经理。

本期工程

小郭所在的公司最近正在进行综合布线工程施工，项目经理要求小郭参与工程的实施，要求小郭负责施工现场的质量、进度等的监督与控制，负责有关网络布线的技术支持、安装指导、产品培训，整理和收集工程中的相关资料，为项目提供验收的相关文档。

任务分析

在工程中，小郭的具体任务是按照项目经理的要求对综合布线系统施工过程中的施工质量进行监控，完成系统的测试，并收集整理系统施工过程中产生的相关文档，为系统最终的验收提供相关的文字资料。为了完成这些任务，小郭需要解决以下几个问题。

（1）如何对双绞线进行测试？

（2）如何对光纤进行测试？

（3）综合布线系统验收测试和文档整理。

问题1：网线测试方法

1. 百科知识

1）网线测试内容简介

网络工程中综合布线测试可分为三类：一是验证测试，二是鉴定测试，三是认证测试。验证测试一般是在施工的过程中由施工人员边施工边测试，以保证完成的每个连接的正确性。鉴定测试是在验证测试的基础上，再加上对布线链路上一些网络应用情况的基本检测，带有一定的网络管理功能。认证测试是指对布线系统依照标准例行逐项检测，以确定布线是否能达到设计要求，包括连接性能测试和电气性能测试。

验证测试又叫随工测试，即边施工边测试，主要检测线缆的质量和安装工艺，及时发现并纠正问题，避免返工。验证测试不需要使用复杂的测试仪，只需要能测试接线通断和线缆长度的测试仪。

竣工检查中，短路、反接、线对交叉、链路超长等问题几乎占整个工程质量问题的80%。这些问题在施工初期通过重新端接，调换线缆，修正布线路由等措施比较容易解决。

认证测试又叫验收测试，是所有测试工作中最重要的环节。认证测试是检验工程设计水平和工程质量的总体水平行之有效的手段。认证测试通常分为两种类型：一是自我认证测试，二是第三方认证测试。自我认证测试由施工方自行组织，按照设计施工方案对所有链路进行测试，确保每条链路符合标准要求。认证测试需要编制确切的测试技术档案，写出测试报告，交建设方存档。测试记录应准确、完整，规范，便于查阅。认证测试可邀请设计、施工监理多方参与，建设单位也参加测试工作，了解测试过程，方便日后管理与维护。

2）网线测试仪介绍

常用的网络测试仪如图7.1所示，该测线仪分为主测试端和远程测试端。这种网线测试仪可以测试常见的双绞线（双绞线RJ-45，双绞线RJ-11）的连通性，可以对双绞线两端1、2、3、4、5、6、7、8、G线对逐对测试，并可区分判定哪一对错线，短路和开路。图7.1所示的测线仪按住开关2 s会开启测线仪，然后按键2 s可切换手动和自动模式，按键5 s会关闭测线仪。

图7.1 网线测试仪

2. 网线的测试

网络工程中测试内容主要包括工作区到设备间的连通状况测试、主干连通状况测试、跳线测试。每项测试内容主要测试速率、衰减、距离、接线图、近端串扰、远端串扰、回波损耗、传输延迟等参数。

接线图是验证线对连接正确与否的一项基本检查。可采用 T568A 和 T568B 两种端接方式，二者的线序固定，不能混用和错接。在实际工程中接线图的错误类型可能主要有以下几种情况。

（1）开路，短路，反接。

（2）同一线对在两端针位接反，如一端的 4 位接在另一端的 5 位，一端的 5 位接在另一端的 4 位。

（3）跨接。将一对线对接到另一端的另一线对上，常见的跨接错误是 12 线对与 36 线对的跨接，这种错误往往是由于两端的接线标准不统一造成的，一端用 T568A，而另一端用 T568B。

（4）线芯交叉。反接是同一线对在两端针位接反，而线芯交叉是指不同线对的线芯发生交叉连接，形成一个不可识别的回路，如 12 线对与 36 线对的 2 和 3 线芯两端交叉。

（5）串绕线对。指将原来的两对线对分别拆开后又重新组成新的线对。这是产生极大串扰的错误连接，这种错误对端对端的连通性不产生影响，普通万用表不能检查故障原因，只有专用的电缆测试仪才能检测出来。

串扰是指当信号在通道中某线对传输时，由于平衡电缆互感和电容的存在，同时会在相邻线对中感应一部分信号。串扰分为近端串扰（NEXT）和远端串扰（FEXT）两种。近端串扰是指处于线缆一侧的某发送线对的信号对同侧的其他相邻（接收）线对通过电磁感应所造成的信号耦合。

衰减是信号经过网线传输后，信号减弱的现象。衰减是一种损耗，考虑一条通信链路的总损耗时，布线链路中所有的布线部件都对链路的总衰减值有影响。衰减不仅与信号传输距离有关，而且由于传输通道阻抗存在，会随着信号频率增加，而使信号的高频分量衰减加大。

衰减以 dB 来度量，指单位长度的电缆（通常为 100 m）的衰减量。衰减的 dB 值越大，衰减越大，接收的信号越弱，信号衰减到一定程度，将会引起链路传输的信息不可靠。三类电缆每增加 1℃衰减量增加 1.5%；超五类电缆每增加 1℃衰减量增加 0.4%；六类电缆每增加 1℃衰减量增加 0.3%。

表 7.1 不同连接方式下允许的最大衰减值一览表（20℃）

频率 MHz	3 类（dB）		4 类（dB）		5 类（dB）		5e 类（dB）		6 类（dB）	
	通道链路	基本链路	通道链路	基本链路	通道链路	基本链路	通道链路	永久链路	通道链路	永久链路
1.0	4.2	3.2	2.6	2.2	2.5	2.1	2.4	2.1	2.1	1.9
4.0	7.3	6.1	4.8	4.3	4.5	4.0	4.4	4.0	4.0	3.5
8.0	10.2	8.8	6.7	6.0	6.3	5.7	6.8	6.0	5.7	5.0
10.0	11.5	10.0	7.5	6.8	7.0	6.3	7.0	6.0	6.3	5.6

续表 7.1

频率 MHz	3类（dB）		4类（dB）		5类（dB）		5e类（dB）		6类（dB）	
	通道链路	基本链路	通道链路	基本链路	通道链路	基本链路	通道链路	永久链路	通道链路	永久链路
16.0	14.9	13.2	9.9	8.8	9.2	8.2	8.9	7.7	8.0	7.1
20.0			11.0	9.9	10.3	9.2	10.0	8.7	9.0	7.9
25.0					11.4	10.3			10.1	8.9
31.25					12.8	11.5	12.6	10.9	11.4	10.0
62.5					18.5	16.7			16.5	14.4
100					24.0	21.6	24.0	20.4	21.3	18.5
200									31.5	27.1
250									36.0	30.7

串扰反映电缆系统内的噪声，衰减反映线对本身的传输质量，这两种性能参数的混合效应（信噪比）可以反映出电缆链路的实际传输质量。

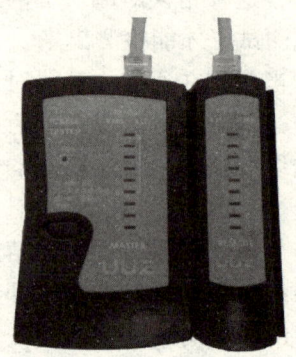

图 7.2 网络跳线测试

对网络跳线的测试如图 7.2 所示，将跳线两端的 RJ-45 水晶头插入网线测试仪的 RJ-45 接口，开启测线仪。若双绞线（直通线）两端连接正常，在主测端按照双绞线的线序 1~8 逐个亮黄灯，远程测试端会逐个亮起对应的黄灯。若对应的灯未亮，则双绞线这个线芯连接出现问题。双绞线（交叉线）则主测端和远程端亮灯的次序不对应。如果做完网线，手边没有测线仪可以用网络设备进行测试，将网线的两端分别接入正在运行的交换机的不同接口中，查看交换机上接口的指示灯的情况，就可以检查线缆的连通性。这种方法只能够使用几秒钟，就要把线缆拔下，否则会造成交换机产生坏路。

网络测试仪也可以测试工作区域的墙上信息模块和配线架，这两种情况相当于双绞线的一端接入到网络设备中，例如接入层交换机，如图 7.3 所示。这种情况下只需要主测试端，若是墙上的信息模块需要一根完好的网线，其一端接入信息模块，另一端接入网线测试仪，开启测线仪，主测试端会逐次亮灯。若 1~8 逐次亮起，表示链路质量完好；若其中某些灯不亮，表示线缆连接质量有问题。

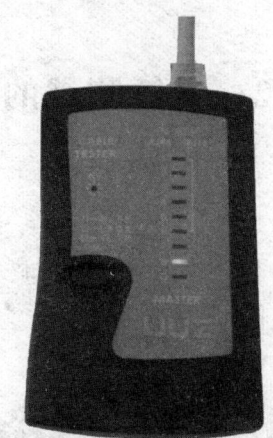

图 7.3 测试配线架和墙上信息模块

职场小贴士：
　　一个不注意小事情的人，永远不会成功大事业。——卡耐基

问题2：光纤测试的设备

1 百科知识

常见的光纤测试仪有光功率计（见图7.4）、稳定光源（见图7.5和图7.6）、光万用表、光时域反射仪（OTDR）和光故障定位仪。

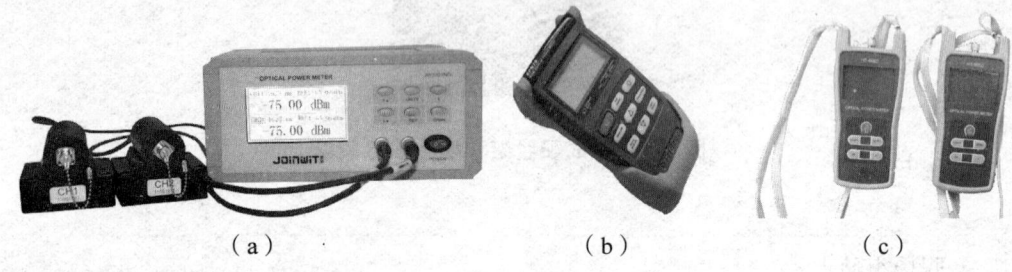

图7.4 光功率计

1）光功率计

光功率计用于测量绝对光功率或通过一定距离后光功率相对损耗。在光纤系统中，光功率是基本的测量方式。通过测量光功率就能评价光端设备的性能，测试评估光纤链路传输质量。常见的光功率计如图7.4所示。

光功率计的使用方法。

光功率计用于测量 630~1 650 nm 波长范围内以 nW、μW、mW、dB 或者 dBm 为单位的光功率，校准波长 0.65、0.85、1.31、1.55、1.625 μm。测量范围+10~73 dBm。一般的光功率测试仪功能键介绍可参考图7.4。光功率测试仪功能键主要有 ON/OFF 开关键，Setλ 是选择波长的按键，W/dBm 是绝对值测量模式按键（以瓦特或者 dBm 测量光功率），REF 相对测量偏移、调零（相对光功率测量、功率计零点设置）。

开启仪器需按下仪器上的 ON/OFF 按键并保持 1 s 即可，要关闭仪表再次按下 ON/OFF 按键即可。光功率仪在闲置 10 min 后将自动关机，可以修改这个时长；波长可通过 Setλ 键完成设定。光输入接口位于光功率仪机体顶端，大多数适配头防尘帽旋在输入口上。

其他光纤测试工具的使用方法请参考说明书。

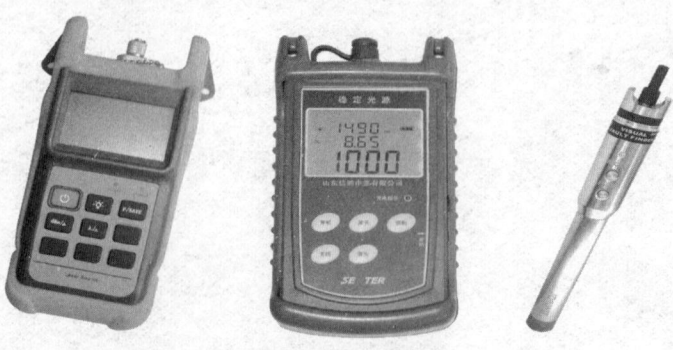

图7.5 稳定光源

2）光万用表

用来测量光纤链路的光功率损耗常见的有两种光万用表。一是由独立的光功率计和稳定光源组成；二是光功率计和稳定光源结合为一体的集成测试系统。常见的光万用表如图7.7所示。

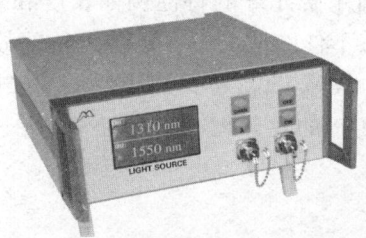

图 7.6　高精度台式稳定光源

图 7.7　光万用表

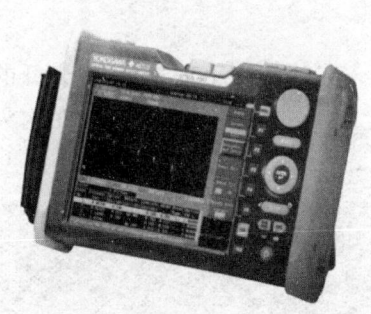

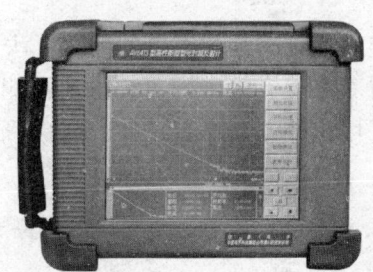

图 7.8　光时域反射仪（OTDR）

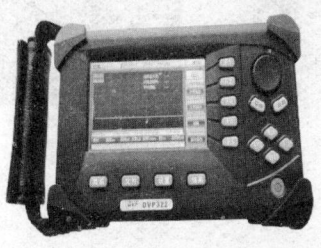

图 7.9　光故障定位仪

3）光时域反射仪（OTDR）和光故障定位仪

表现为光纤损耗与距离的函数，借助 OTDR（见图 7.8），技术人员能够看到整个系统的轮廓，识别并测量光纤的跨度、连接点和连接头。在诊断光纤故障的仪表中，OTDR 是经典的，也是最昂贵的仪表。OTDR 可通过光纤的一端测试光纤损耗。OTDR 轨迹线给出系统衰减值的位置和大小，如任何连接器、连接点、光纤异型、或光纤断点的位置及损耗大小。OTDR 可用在以下三个方面：在敷设前了解光纤的特性例如长度和衰减；得到一段光纤的信号轨迹线波形；在问题增加和连接状态不佳的情况下，定位严重的故障点。故障定位仪是 OTDR 的一个特殊版本，如图 7.9 所示。故障定位仪可以自动发现光纤故障所在，而不需 OTDR 的复杂操作步骤，其价格也只是 OTDR 的几分之一。

2．光纤的测试

光纤测试的标准主要有，国际标准 IEC61746、TIA/EIATSB-107 等标准中对光纤测试如光功率，OTDR 等做了明确的规定，布线系统测试可以参照如下标准进行。

《GB 50312—2007 综合布线工程验收规范（含条文说明）》
《IEC 61350 功率计校准》
《IEC 61746OTDR 校准》
《G.650.1 单模光纤与光缆的线性、确定性属性的定义与测试方法》
《G.650.2 单模光纤与光缆的统计与非线性属性的定义与测试方法》
《IEC 60793》、《TIA/EIATSB-107》、《TIA/EIAFOTP-169》

通常在具体的工程中，对光缆的测试方法有连通性测试、端-端损耗测试、收发功率测试、反射损耗测试。

1）连通性测试

连通性测试是最简单的测试方法，只需在光纤一端导入光线（如手电光），在光纤的另外一端看看是否有光闪即可。连通性测试的目的是为了确定光纤中是否存在断点。在购买光缆时都采用这种方法进行，如图 7.10 所示。

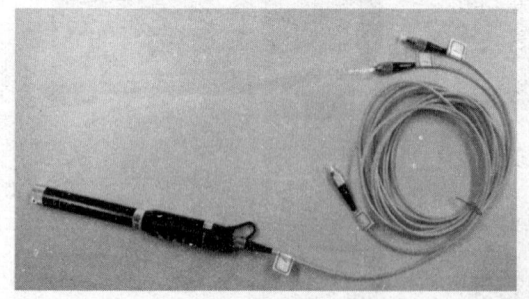 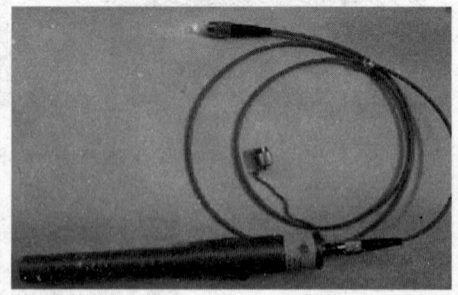

图 7.10　光纤连通性测试

2）端-端的损耗测试

端-端的损耗测试采取插入式测试方法，使用一台功率测量仪和一个稳定光源，先选择被测光纤的某个位置作为参考点，测试出参考功率值，然后再进行端-端测试并记录下信号增益值，两者之差即为实际端到端的损耗值。用该值与 FDDI 标准值相比就可确定端-端损耗测试这段光缆的连接是否有效。

先测出被测光纤的输出光功率 P_2，保持光源输出不变，在距离光光源 2~3 m 处截断光纤，测出注入功率 P_1。若光功率计的指示值 dB，则该段的光纤衰减为 P_1-P_2；若光功率计的指示值为 mW，则该段的光纤衰减为 $10 \log \frac{P_1}{P_2}$（dB）。图 7.11 对一段光纤进行了损耗测试。

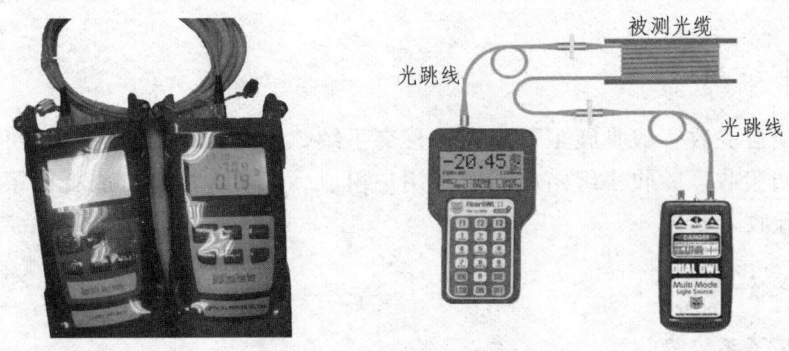

图 7.11　端-端的损耗测试

3）收发功率测试

收发功率测试是测定布线系统光纤链路的有效方法，使用的设备主要是光纤功率测试仪和一段跳接线。在实际应用情况中，链路的两端可能相距很远，但只要测得发送端和接收端的光功率，即可判定光纤链路的状况。

在发送端，将测试光纤取下，用跳接线取而代之，跳接线一端为原来的发送器，另一端为光功率测试仪，使光发送器工作，即可在光功率测试仪上测得发送端的光功率值；在接收端，用跳接线取代原来的跳线，接上光功率测试仪，在发送端的光发送器工作的情况下，即可测得接收端的光功率值。发送端与接收端的光功率值之差，就是该光纤链路所产生的损耗。

4）反射损耗测试

反射损耗测试是光纤线路检修非常有效的手段。它使用光纤时间区域反射仪（OTDR）来完成测试工作，基本原理就是利用导入光与反射光的时间差来测定距离，如此可以准确判定故障的位置。虽然 FDDI 系统验收测试没有要求测量光缆的长度和部件损耗，但它也是非常有用的数据。OTDR 将探测脉冲注入光纤，在反射光的基础上估计光纤长度。OTDR 测试适用于故障定位，特别是用于确定光缆断开或损坏的位置。OTDR 测试文档对网络诊断和网络扩展提供了重要数据。

连通性测试和收发功率测试在光纤测试中较为常用。

职场小贴士：
休息与工作的关系，正如眼睑与眼睛的关系。

问题3：综合布线系统验收测试和文档

1. 百科知识

综合布线项目验收一般是施工方向用户移交手续，也是用户对工程的认可。验收可分为物理验收和文档验收。验收小组由施工方和用户组成，也可以由用户委托的第三方验收组织和施工方进行验收。

1）现场验收

（1）工作区子系统验收

工作区子系统验收主要包括线槽的走向、布线是否美观、符合规范；信息插座是否按照规范安装；信息面板的安装是否牢固可靠；标志是否齐全，准确。

（2）水平干线子系统验收

水平干线子系统验收主要包括线槽安装是否符合规范；线槽与线槽，线槽与槽盖是否接合良好；托架、吊杆是否安装牢固；水平干线与垂直干线、工作区交接处是否出现裸线，是否符合规范；水平干线线槽内线缆是否固定牢靠；接地是否正确。

（3）垂直干线子系统的验收

垂直干线子系统的验收除了类似于水平干线子系统验收的内容外，还要检查路层之间接口处的处理，线缆是否按照要求进行了捆扎，捆扎是否符合规范，线缆在拐弯处是否做预留。

（4）管理间设备间子系统验收

管理间设备间子系统验收主要包括检查机柜安装的位置是否正确合理，跳线制作是否规范，配线面板的界限是否美观整洁。

（5）线缆布放的验收

线缆布放的验收主要包括检查线缆规格、线缆路由是否正确；线缆的标号是否正确；线缆在拐弯处是否符合规范；竖井的线槽、线缆是否固定牢靠；是否存在裸线；竖井层与楼层之间是否采取了防火措施。

（6）架空布线的验收

架空布线的验收主要包括检查假设竖杆位置是否正确，吊杆规格、垂度、高度是否满足规范，卡挂钩的间隔是否满足规范。

（7）管道布线的验收

管道布线的验收主要包括检查使用管孔、管孔位置是否合适，线缆规格，线缆走向路由，防火设施。

2）技术文档验收

技术文档验收包括报告主要有 FLUKE 的 UTP 认证测试报告，网络拓扑图，综合布线拓扑图，信息点分布图，管线路由图，机柜布局图及配线架上信息点分布图。

2. 测试文档

以下给出了一个网络系统工程验收的范文。本范文比较完整地给出了网络工程验收的文档内容。应该强调的是，任何一个网络系统都有其与其他系统相同的部分，也有各个系统独自的特点。即范文中的内容适合一般网络系统的验收文档，根据不同的网络系统要对范文中的测试内容作修改。

网络系统工程验收规范（范文）

（1）网络系统工程包括系统集成、网络设备和综合布线三大部分。综合布线工程是网络线路的分布安装工程；系统集成是根据用户需求，优选各种技术和产品，将综合布线系统和网络交换设备连接，并使各部分能协调工作，成为一个完整的、高效、安全、可靠的网络系统的工程。为了加强网络系统集成项目的验收管理，规范、有效的组织验收工作，高质量地完成验收任务，保证验收后达到网络设计的目标，网络系统正常、可靠运行，特制定本规范。

（2）适用范围：本规范适用于****网络系统工程项目和接入校园网的网络系统项目的验收。

（3）单位名称。本规范中涉及的有关单位的含义规定如下：使用单位，指网络系统工程项目的直接使用单位；负责单位，指代表****签订网络系统工程项目的单位；施工单位，网络系统工程项目的施工单位，包括承包商。

（4）网络系统工程项目的验收由项目负责单位和使用单位会同项目施工单位、审计单位等共同进行。

（5）网络设备通常包含于系统集成或综合布线工程项目中，作为这些项目的一部分进行验收。系统集成和综合布线项目可以分别验收。验收的基本单位是合同。

（6）验收以国家有关规范、网络系统工程项目合同、技术要求书、施工设计报告、经审核的合同变更补充协议为依据。

（7）设备验收。

对不同的设备要根据不同的要求进行设备验收，主要检验内容：① 到货的品名与数量与订货清单一致性；② 设备的外观完好性；③ 设备通电自检正常。设备验收方法和验收要求见附件9。

最后双方共同完成包括《产品到货验收记录》附件9、《产品到货清单》附件9、《产品到货验收报告》附件8。

（8）综合布线项目工程验收。

① 验收按通信行业标准：《大楼通信综合布线系统》YD/T 926.1~3，《数字通信用对绞/星绞对称电缆》YD/T 838.1~4，《建筑与建筑群综合布线系统工程验收规范》GB/T 50312—2000，《建筑与建筑群综合布线工程系统设计规范》GB/T 50311—2000进行。

② 施工单位在完成项目后，提交工程文档资料一式三份（附电子文档1份）交责任单位。资料主要包括布线结构图纸（附件1），机房配线架接线表（附件2），布线测试报告（附件3），项目验收过程记录表（附件4），产品质保书，项目验收申请报告。

③ 项目负责单位在收齐上述材料后，逐项进行审核，并进行外观验收（附件4）和连接测试验收（附件4）。出具验收报告。

（9）网络系统集成工程项目验收。

① 网络系统集成工程项目整个施工、调试过程结束后，网络系统继续试运行一个月，然

后使用单位向项目负责单位提交系统运行测试报告。

② 网络系统集成项目施工单位向项目负责单位提交完整的工程文档,至少包含系统结构图,网络拓扑图,设备配置表,设备配置资料,网络管理系统工具软件,项目验收申请报告,但不限于以上内容。文档一式三份,并提交电子文档。

③ 由项目责任单位会同有关部门组织系统集成项目验收,并出具验收报告。验收内容包括:

a. 设备间验收。

设备间验收主要内容见附件11。

b. 网络拓扑图。

网络拓扑图包括广域网的连接拓扑(可选),各个局域网之间通过WAN的连接拓扑,主干网的连接拓扑,主交换设备之间连接,交换机和交换机之间的连接,次交换机及集线器之间的连接,服务器、打印机以及其他网络服务设备的连接,网络站点的连接。

c. 网络的规划报告。

网络的规划报告指的是网络设置信息包括:网段,域,VLAN等。

d. 网络设备信息清单。

网络设备信息清单包括设备分类清单、网络互联设备清单、路由器信息、路由器路由表、交换机端口列表、服务器。

e. 单机、网络测试验收。

f. 正常运行时网络重点端口的流量(网络基准测试)路由器或交换机端口流量趋势图、流量趋势。

g. 正常运行时网络协议和繁忙用户的分布统计(网络基准测试)。

主要包括各种协议所占用带宽的比例,使用协议的最繁忙用户(按不同角度做统计),数据包数量、大小、类型等,对话最繁忙用户,广播统计(广播,多播,单播),协议分布记录。

h. 网络的吞吐能力或加载测试(路由和交换能力)。互联网吞吐量测试、网络吞吐量测试。

(10) 系统间的配合。

① 网络交换设备若由系统集成商提供,网络系统集成验收按本规范执行。网络交换设备若由使用单位提供,则网络系统集成的目标由使用单位和系统集成商协商,在合同中确定。

② 网络系统集成与综合布线系统相关的连接部分(包括连接线即跳线),不论是由系统集成商提供,还是由综合布线工程方提供,均则按本规范执行。连接线应达到相应的技术检测标准,并且跳线两端有相同的标识。连接线每24根为一组,每组序号为1~24;每组一色,5组之内不得有重色。

③ 集成商对整个连接进行可靠性测试,并提交测试报告。

(11) 项目负责单位在收到系统集成项目申请工程验收书后,应及时组织使用、审计、项目施工等单位人员先进行现场验收,再根据提交的系统测试数据及完整的工程文档,对照验收标准逐项逐条核实,确定合格后,提交验收证明意见。

(12) 本规范自发布之日起试行。

(13) 本规范由信息中心负责解释。

****信息中心

年 月 日

附件 1　综合布线结构图

1. 绘制布线结构总图（各楼层间总线路图）

2. 绘制楼层布线结构图

3. 绘制典型房间的布线图

附件2 机房与布线结构表

××××＿＿＿＿＿机房配线架接线表　　机架号：									
接线架排1			接线架排2			接线架排3		
端口号	用户房间号	用户端口号	端口号	用户房间号	用户端口号	端口号	用户房间号	用户端口号
1			1			1		
2			2			2		
3			3			3		
4			4			4		
5			5			5		
6			6			6		
7			7			7		
8			8			8		
9			9			9		
10			10			10		
11			11			11		
12			12			12		
13			13			13		
14			14			14		
15			15			15		
16			16			16		
17			17			17		
18			18			18		
19			19			19		
20			20			20		
21			21			21		
22			22			22		
23			23			23		
24			24			24		

承包商：　　　　　　　　甲方代表：　　　　　　　　年　月　日

第　页　共　页

附件 3　网络布线系统测试报告

1. 总体说明

2. 测试表

××××　测试表

接线位置（接线图）	特性阻抗	阻抗	链路长度	衰减	近端串扰损耗
测试仪器＿＿＿＿＿＿　测试模型＿＿＿＿＿＿					

承包商：　　　　　　　甲方代表：　　　　　　　　　　年　月　日

第　页　共　页

附件4　网络布线系统验收报告

1. 外观验收

××××　项目验收

外观验收		
外观验收项目	结论	备注
信息插座和面板安装		
主配线架安装		
缆线布放（楼内）		
电缆桥架及槽道安装（楼内）		

承包商：　　　　　　　甲方代表：　　　　　　　　　　　　　年　月　日

第　页　共　页

××××　项目验收

外观验收——主配线架安装										
楼层地点	规格	型式	外观齐整	垂直度检查	水平度检查	油漆	标志	螺丝	防震加固	接地

（1）规格、型式、外观检查；（2）安装垂直、水平度检查（垂直偏差度应不大于3 mm）；(3)油漆不得脱落、标志完整齐全；（4）各种螺丝必须坚固；（5）防震加固措施检查；（6）接地措施检查。

承包商：　　　　　　　甲方代表：　　　　　　　　　　　　　年　月　日

第　页　共　页

××××　项目验收

外观验收——信息插座和面板安装								
楼层地点	规格	位置	质量检查	螺丝拧紧	标志齐全	安装工艺	屏蔽	整洁

续表

(1)规格、位置、质量检查;(2)各种螺丝必须拧紧;(3)标志齐全;(4)安装符合工艺要求;(5)屏蔽层可靠连接。			
承包商:	甲方代表:		年 月 日
	第 页 共 页		

×××× 项目验收

外观验收——电缆桥架及槽道安装(楼内)						
楼层地点	位置	垂直偏差	水平偏差	拼接平滑	安装牢固	接地	整洁

(1)安装位置要正确;(2)安装符合工艺要求;(3)接地良好。			
承包商:	甲方代表:		年 月 日
	第 页 共 页		

×××× 项目验收

外观验收——缆线布放(楼内)								
楼层地点	规格	路径	位置	弯曲半径	质量检查	安装工艺	标志	整洁

(1)缆线规格、路由、位置检查;(2)符合布放缆线工艺要求等。			
承包商:	甲方代表:		年 月 日
	第 页 共 页		

2. 连接测试验收

×××× 项目验收

连接验收				
测试仪器			测试模型	
接线位置(接线图)	特性阻抗	阻抗	链路长度	衰减	近端串扰损耗

承包商:	甲方代表:		年 月 日
	第 页 共 页		

附件 5　系统结构图（基本格式）

附件6 网络拓扑结构图（基本格式）

根据网络的实际情况，画出网络拓扑图：广域网的连接拓扑（可选）、各个局域网之间通过 WAN 的连接拓扑、主干网的连接拓扑、主交换设置之间连接、交换机和交换机之间的连接、次交换机及集线器之间的连接、服务器，打印机以及其他网络服务设备的连接、网络站点的连接、广域网连接拓扑图、主干路由与交换机之间的连接、详细连接拓扑以及服务器的连接。

附件7 设备配置说明(基本格式)

设备名称:××××××××							
安装位置							
管理地址							
TELNET 密码							
ENABLE 密码							
USER							
端口号	VLAN 的配置	对端位置	描述	端口号	VLAN 的配置	对端位置	描述
F1/1				G1/7			
F1/2				G1/8			
G1/3				G1/9			
G1/4				G1/10			
G1/5				G1/11			
G1/6				G1/12			

接入层××××××××							
安装位置							
管理地址							
TELNET 密码							
ENABLE 密码							
USER							
端口号	VLAN 的配置	对端位置	描述	端口号	VLAN 的配置	对端位置	描述
F1				F14			
F2				F15			
F3				F16			
F11				F24			
F12							
F13							

附件8 产品到货验收报告（基本格式）

用户名 Customer Name：_____
合同号 Contract No：_____

_____（承包商）公司（简称公司）根据用户单位与公司签订的协议，公司按协议要求将设备运抵甲方安装地，经双方对设备开箱清查和验收，情况如下：

1. 到货的品名与数量与订货清单一致；
2. 设备的外观完好无损；
3. 设备通电自检正常。

附设备安装清单　　　　　设备安装清单_____页

用户联系电话 Customer contract tel：_____
传真 Fax：_____
联系人 Person to contract：_____
电子信箱 E – mail：_____
地址 Address：_____
邮编 Zip：_____

授权责任工程师签字　　　　　　　　　　　用户方验收人签字

_____　　　　　　　　　　　_____

日期　　　　　　　　　　　　　　　　　　日期
_____　　　　　　　　　　　_____

附件9　产品到货验收记录（基本格式）

说明：本记录是在产品到货的条件下，进行验收检测时使用的标准文件。检测过程按照产品到货验收记录提供的方法和内容进行，确认检测结果是否符合本记录提供的正确结果，并在交付检测记录栏填写相应结果。如有不符，请在备注栏填写相应现象。

1. 产品外观检测

检测方法：双方人员共同查看设备，对以下检测内容进行确认。

1）硬件产品检测

（1）设备型号及硬件模块型号应与合同规定的配置清单完全一致。
（2）设备外包装应完整，无严重变形，应为设备原包装并应各种标识齐全。
（3）设备外观应无划痕、碰伤以及其他明显缺陷。

2）软件产品检测

（1）产品型号应与合同规定的配置清单完全一致。
（2）产品外包装应完整，无严重变形，应为产品原包装并应各种标识齐全。
（3）软件介质外观应无划痕、碰伤以及其他明显缺陷。
（4）软件内容应可通过计算机识别，无病毒，各功能模块可正常安装。

2. 产品随机附件检测

检测方法：双方人员参照随机附件清单清点附件或资料（注：无附件清单的设备可查看附件包外包装是否完整并参考厂商的相关附件说明）。
（1）随机附件或资料应完整齐全。
（2）各附件或资料应无损坏或与产品内容不配套现象。

3. 产品加电检测

检测方法：给设备接通电源（软件产品则是将介质放入计算机的介质设备），对以下检测内容进行确认。

1）网络设备（通过 Console 口连接进行观察）

（1）设备应能够正常启动，不应有故障报错信息。
（2）设备启动自检各项硬件信息，包括内存容量、模块信息、软件版本等，应与合同规定的设备有配置相符合。
（3）设备启动后系统状态指示灯显示应符合设备相关技术要求。

2）计算机设备

（1）设备应能够正常启动，不应有故障报错信息。

（2）设备启动自检各项硬件信息，包括 CPU 频率、内存容量、硬盘容量等，应与合同规定的设备有配置相符合。

　　（3）主机如有预装操作系统，应能够正常运行。

　　3）软件产品

　　（1）介质内容应可通过计算机识别。

　　（2）介质内容应无病毒或其他与合同要求无关的内容。

　　（3）软件产品的各功能模块应可以正常被安装。

　　详细设备清单参见《设备到货清单》(附件 10)。

授权责任工程师签名及日期：　　　　　　　用户方验收人签名及日期：
_____　　　　　_____

附件10 产品到货清单(基本格式)

××××＿＿＿＿＿＿＿＿＿＿项目

设备验收清单

机器类型	机器序列号	数量	外观检测验收				产品附件验收			加电检测验收				其他说明
			外包装	标识	表面	备注	附件	资料	备注	启动	硬件信息	指示灯	备注	

授权责任工程师签字   用户方验收人签字

＿＿＿＿＿＿＿＿＿   ＿＿＿＿＿＿＿＿＿

日期   日期

＿＿＿＿＿＿＿＿＿   ＿＿＿＿＿＿＿＿＿

附件 11 设备间验收（基本格式）

××××_____集成项目

设备间验收汇总表

设备间地点	设备间性质	验收意见	其他说明

设备间性质：接入、楼宇汇聚、主干节点等。（可以有多项）

授权责任工程师签字   用户方验收人签字

_____   _____

日期   日期

_____   _____

××××_____集成项目
设备间验收表

序号	检测内容名称	检测项目结果	检测人	检测日期
1	机械安装部分			
1.1	交换设备安装是否水平，整齐，是否配置理线设备			
1.2	交换设备在机柜的安装间距是否一致			
1.3	交换设备是否平均分装在设备间的机柜里			
1.4	交换设备标识是否清晰，直观			
1.5	交换设备安装是否具有可维性			
1.6	系统集成与布线工程的连线（跳线）安装是否整齐			
1.7	跳线质量是否达到合同要求			
1.8	跳线两端是否有标识，标识是否清晰牢靠，跳线是否分组，分色			
2	电气部分			
2.1	交换设备接地保护是否可靠			
2.2	交换设备各端口连接是否正常			
2.3	交换设备的信号指示灯是否正常			
2.4	抗干扰、防雷击			

授权责任工程师签字　　　　　　　　　　用户方验收人签字

_____　　　　　　　　　　　　　_____

日期　　　　　　　　　　　　　　　　　日期

_____　　　　　　　　　　　　　_____

附件12 网络设置信息（基本格式）

××××_____项目网络设置信息验收

1.（设备）VLAN 分配及 IP 地址设置

VLANID	VLAN 名称	所属区域	网关	起始 IP 地址	结束 IP 地址	子网掩码

2. 网络设备 IP 地址设置验收表

安装位置	设备名称	IP 地址	子网掩码

授权责任工程师签字   用户方验收人签字

_____   _____

日期   日期

_____   _____

附件 13 网络路由、交换设备设置信息（基本格式）

1. 路由器信息及路由器路由表

路由器名称：_____   路由器 IP：_____

Destination	Gateway	Flags	Refs	Use	Interface

2. 交换机 ARP 及交换机端口列表验收汇总表

****_____集成项目

设备名称	设置验收	软件备份验收	其他说明

授权责任工程师签字　　　　　　　　　　　用户方验收人签字

_____　　　　　　　　　　　_____

日期　　　　　　　　　　　　　　　　　　日期

_____　　　　　　　　　　　_____

附件14 单机测试验收表(基本格式)

××××_____集成项目

单机测试验收汇总表

设备名称	软硬件配置			口令保护测试		远程登录管理	VLAN功能		上联模块测试	测试人	时间	备注
	外观	软件版本	系统端口状态	特权模式	远程登录		基本功能	显示信息				

验收方式见附件22。

授权责任工程师签字   用户方验收人签字

_____   _____

日期   日期

_____   _____

附件 15 网络设置信息（基本格式）

××××_____集成项目

网络测试验收汇总表

验收项目	验收内容	验收结论	备注
连通性测试	中心到分支		
	中心到服务器		
	网络设备间		
	PC 到服务器		
VLAN 功能	设置与规划以及实际需求 VLAN 对比测试		
	VLAN 内		
	VLAN 间		
	广域网访问测试		
网管测试	远程端口监控		
	远程登录管理		
	trap 信息监控		

授权责任工程师签字   用户方验收人签字

_____   _____

日期   日期

_____   _____

附件 16　连通性测试验收表（基本格式）

××××_____集成项目

连通性测试验收表

验收项目	发出端 IP	目的 IP	验收结论	备注
中心到分支				
中心到服务器				
网络设备间				
PC 到服务器				

验收方式见附件 22。

授权责任工程师签字　　　　　　　　　　　　用户方验收人签字

_____　　　　　　　　　　　　　　_____

日期　　　　　　　　　　　　　　　　　　　日期

_____　　　　　　　　　　　　　　_____

附件 17　VLAN 功能验收表（基本格式）

××××_____集成项目

VLAN 功能验收表

验收项目		发出端 IP	目的 IP	验收结论	备注
VLAN 内	VLAN-ID1				
	VLAN-ID2				

	发出端		目的			
	VLAN-ID	IP	VLAN-ID	IP		
VLAN 间						

验收方式见附件 22。

授权责任工程师签字　　　　　　　　　　　　用户方验收人签字

_____　　　　　　　　　　　　_____

日期　　　　　　　　　　　　　　　　　　　日期

_____　　　　　　　　　　　　_____

附件 18 网管测试验收表（基本格式）

××××_____集成项目

网管测试验收表

控制端			受控端		验收结论			备注
地点	VLAN-ID	IP	VLAN-ID	IP	远程端口监控	远程登录管理	trap信息监控	

授权责任工程师签字　　　　　　　　　　　　　用户方验收人签字

_____　　　　　　　　　　　_____

日期　　　　　　　　　　　　　　　　　　　　日期

_____　　　　　　　　　　　_____

附件19 网络重点端口的流量表（基本格式）

××××_____集成项目

网络重点端口的流量表

设备	端口 IP	时间				24小时最大		24小时最小	
						流量	时间	流量	时间

授权责任工程师签字 　　　　　　　　　　　　用户方验收人签字

_____　　　　　　　　　_____

日期 　　　　　　　　　　　　　　　　　　日期

_____　　　　　　　　　_____

附件 20 网络协议流量统计表（基本格式）

××××_____集成项目

网络协议流量统计表

协议	端口 IP	时间		时间		时间		24 小时最大		24 小时最小	
		带宽	%	带宽	%	带宽	%	带宽	时间	带宽	时间

授权责任工程师签字　　　　　　　　　　　用户方验收人签字

_____　　　　　　　　　　　_____

日期　　　　　　　　　　　　　　　　　日期

_____　　　　　　　　　　　_____

附件21 大用户流量统计表（基本格式）

××××＿＿＿＿＿＿＿＿＿＿集成项目

大用户流量统计表

端口IP	协议	数据包数量	数据包大小	类型	广播类型	多日平均带宽	测试日高峰1小时平均流量		24小时最大		24小时最小	
							带宽	时间	带宽	时间	带宽	时间

注：广播类型（广播，多播，单播）。

授权责任工程师签字   用户方验收人签字

日期   日期

附件22 ××××网络系统验收测试说明

验收测试说明编写的目的是规定网络系统工程的验收中性能测试提供标准及方法。验收测试由双方指定的工程师实施完成。

测试过程按照验收要求的内容和步骤进行，观察和记录测试结果，分析性能测试方案获取的数据，在结论栏填写相应结果。如有不符，在备注栏填写相应现象。

验收测试分为两大部分，单机性能测试和全网性能测试。

1．单机测试

1）测试内容

单机验收测试的内容主要包括软硬件配置、口令保护、远程管理、VLAN功能测试、上联模块测试。

2）测试步骤

（1）交换机测试

测试对象：交换机（抽选几台）。

测试目的：检测设备是否与合同要求相符，查看配置内容，确认口令保护以及远程管理，测试划分VLAN后的功能以及级联模块的工作状态。

测试平台：PC从设备console口接入或远程登录到交换机。

（2）软硬件配置检测

① 从外观上，观看交换机硬件设备。正确结果：设备外观应完好，硬件模块、端口应与配置清单完全一致，上电检测正常。

② 检测交换机软件版本信息。

③ 检测系统端口状态。

正确结果：#show interface 显示端口及状态，使用中端口显示：interface_numbe ris up，line protocol is up；空闲端口显示：interface_number is down，line protocol is down。

（3）口令保护测试

① 进入特权模式口令保护。正确结果：PC从设备console口接入，要求输入 uername 及 password（进入特权模式的口令）。

② 远程登录用户名/口令保护。正确结果：#telnet ip_address 登录到交换机上时，要求输入 uername 及 password（radius认证）。

（4）远程管理

录修改配置及查看信息管理。正确结果：可以 telnet 到交换机上，并且使用特权密码进入特权模式进行配置及查询。

2.5VLAN 的基本功能测试；正确结果：单机测试时，相同 VLAN 可以通信，不同 VLAN 无法通信；上联到三层路模块时，不同 VLAN 也可以通信。同时，处于不同 VLAN 内的机器在网上邻居无法找到对方。

2. 全网性能测试报告

1）测试内容

连通性测试、VLAN 功能测试、广域网访问测试、网管测试。

2）测试步骤

（1）连通性测试

① 中心到分支节点连通性测试；正确结果：从中心 BigHammer6802 可以 ping 通连接的分支节点。

② 中心到服务器连通性测试；正确结果：从中心 BigHammer6802 可以 ping 通各服务器。

③ 所有网络设备间的连通性测试；正确结果：所有网络设备均可以相互 ping 通。

④ 个人 PC 到服务器的连通性测试；正确结果：个人 PC 可以连通服务器。

（2）VLAN 功能测试

① 设置与规划以及实际需求 VLAN 对比测试；正确结果：设置应基本符合规划要求，但在实际设置过程中可根据实际需求进行调整。

② 相同 VLAN 内测试；正确结果：相同 VLAN 内主机可以从网上邻居找到对方，可以 ping 通对方。

③ 不同 VLAn 间测试；正确结果：不同 VLAN 间主机无法在网上邻居找到对方（未做 WINS 解析），但可以 ping 通对方。

3. 网管测试

正确结果：可以监控到所有支持 SNMP（简单网管协议）的港湾的网络设备，可以对端口进行监控，可以对所有网络设备进行远程登录管理。可以监控港湾设备的 trap 信息。

任务总结

本章主要内容包括工程测试方法和工程验收文档内容。在本章中首先介绍了综合布线系统中的基本方法和原理，然后介绍了综合布线系统中常见的物理链路双绞线和光纤的测试工具和测试方法。最后介绍了综合布线系统测试验收文档范本，强调一点是验收文档中的内容需要根据实际情况进行相应的增删。通过本章的学习学生应该掌握基本的测试理论、常见的测试工具使用以及测试文档的整理完成。掌握了综合布线中的"随装随测"技术。

任务巩固

（1）网线的测试方法和技巧。
（2）光纤的测试方法和技巧。
（3）综合布线系统验收测试和文档完成。

任务测试

请根据本章所学知识回答本章任务分析中所提到的 3 个问题。

第8章　工程布线方案规划篇

任务引导

综合布线工程方案设计是网络工程实施的关键步骤之一。综合布线设计包括综合布线总系统、工作区子系统、水平子系统、垂直子系统、配线子系统、干线子系统、管理子系统、设备子系统各子系统的设计，综合布线产品选择，材料用量及报价，施工和施工管理，施工方承诺及培训等内容。本篇是项目售前工程师学习的内容，掌握本篇知识将会为你成为一名公司技术骨干打下良好的基础。

主人公简介

　　姓名：小赵
　　性别：男
　　年龄：26
　　职业：项目售前工程师
　　职责：负责综合布线项目和用户进行交流获取需求分析，根据用户的需求，分析设计综合布线方案。向用户讲解自己的设计方案以及方案演示等工作。
　　性格：有进取心、乐观、大胆有冒险精神。
　　目标：多学习成熟项目方案设计，努力提升自己的网络技术知识，积累项目知识和管理能力，尽快成为一名资深售前工程师。

本期工程

小赵所在的公司最近正在进行一个网络项目实施准备工作，要求小赵根据前期获取的用户需求和相关建设图纸等内容，设计项目的综合布线设计方案。

任务分析

在本工程中小赵的具体任务是按照项目经理的要求进行综合布线系统方案设计。为了完成此次任务，小赵需要解决以下几个问题。
（1）综合布线方案设计的总体框架和内容。
（2）综合布线图纸设计。
（3）综合布线系统施工。

问题1：综合布线系统设计框架和内容

1. 百科知识

综合布线系统方案设计应包含的八个内容：用户需求分析；校园网或者园区网需要获取区域范围内所有建筑的布置图；获取建筑物平面图；网络系统结构设计图；布线路由设计；可行性论证；绘制综合布线施工图；编制综合布线用料清单。

需要强调的是，在获取了用户需求和相关图纸后要对整个布线区域进行实际考察，例如校园中布线线路上是否存在坡度，检查各处是否能够施工，把相关的数据记录下来，在设计布线系统时要给予充分考虑，为以后布线所需线缆的长度和施工扫清障碍。

2. 综合布线系统方案设计

下面是一般情况下综合布线系统设计方案包含的内容，在实际方案设计中要根据实际情况对下面包含的内容进行取舍或者增添。

1）前 言

前言包括的内容有客户的单位名称、工程的名称、设计单位（指施工方）的名称、设计的意义和内容概要。

2）工程概况

工程概况包括如下内容：建筑物的数量，各建筑物之间的位置关系，每个建筑物的楼层；各层房间的功能概况；楼宇平面的形状和尺寸；各层的层高，要求清楚准确，这关系到电缆长度的计算；竖井的位置，竖井中有哪些其他的线缆（例如消防报警、有线电视、音响和自动控制等），如果没有专门的竖井，则要求说明垂直电缆管道的位置；如果有建筑群干线子系统，则要说明室外光缆的入口；楼宇平面设计图应标明主机房和竖井的位置。

3）布线系统总体结构

布线系统总体结构包括该布线系统的系统图和系统结构的文字描述（文字描述就是对系统图进行文字解释）。

（1）设计目标：阐述综合布线系统要达到的目标，每一个目标要明确，准确。

（2）设计原则：列举设计所依据的标准，如先进性、经济性、扩展性、可靠性等。

（3）设计标准：包括综合布线设计标准、测试标准和参考的其他标准。

（4）综合布线系统产品选型：综合布线产品品牌的选择，线缆（光线、双绞线或屏蔽双绞线）的选择。

（5）工作区子系统设计：描述工作区布线设计，包括信息点的统计和终端设备的连接方式。

（6）配线子系统设计：配线子系统设计应该包括信息点的需求、信息插座设计和水平电缆设计三部分。

（7）管理子系统设计：描述该布线系统中每个配线架的位置、用途、器件选配、数量统计和各配线架的电缆卡接位置图。描述宜采用文字和表格相结合的形式。

（8）垂直系统设计：描述垂直主干道的器件选配、用量统计和主编号规则。

（9）子系统设计：包括设备间、设备间机柜、电源、跳线、接地系统等内容。

4）布线系统工具

列举在布线系统中所使用的工具。

5）综合布线系统施工方案

这一部分阐述总的槽道铺设方案，而不是指导施工，因此不包括管槽的规格，另有专门的施工方的文档用于指导施工。

6）综合布线系统的维护管理

综合布线系统竣工交付使用后，移交给甲方的技术资料，主要包括：信息点编号规则、配线架编号规则、布线系统管理文档、合同、布线系统详细设计和布线系统竣工文档（包括配线架电缆卡接位置图、配线架电缆卡接色序、房间信息点位置表、竣工图纸、线路测试报告）。

7）综合布线系统材料总清单

综合布线系统材料总清单包括综合布线系统材料预算和工程费用清单。

职场小贴士：
除非你撞到冰山了，否则不要轻易跳离脚下这条船。

任务总结

小赵通过使用本节的知识，完成了项目工程的总体方案设计，为项目指明了目标和方向，制定了工程设计准则，完成了工程综合布线各个子系统的设计工作。

任务思考

（1）请根据工程需求思考如何在工程设计中体现工程的设计原则？
（2）网络综合布线各个子系统在工程施工设计时应考虑哪些方面？
（3）请尝试练习撰写综合布线系统材料清单。

问题 2：综合布线系统图纸设计

1. 百科知识

综合布线图纸需要单独设计，图纸设计内容包括图纸目录、图纸说明、网络系统图、布线拓扑图、管线路由图、楼层信息点平面图、机柜信息点分布图等。

综合布线图纸在综合布线中起着关键的作用。工程设计人员首先通过工程图纸了解项目中区域的平面图、建筑物的分布情况和各建筑物的结构，并据此设计综合布线工程图纸。工程施工人员根据综合布线设计图纸组织施工、工程验收。工程图纸能够简单直观地反映网络和综合布线系统的结构，物理线路和信息点的分布情况。所以，识图、绘图能力是综合布线工程设计人员和施工人员应该具有的基本能力。在综合布线工程中主要采用 AutoCAD、Microsoft Visio 两款软件。由于设计人员可以直接在 CAD 建筑图纸上绘制综合布线系统的设计，可以省去很多繁复的基础工作，建议综合布线中的管线设计图、楼层信息点分布图、布线施工图等图纸使用 AutoCAD 绘制。Microsoft Visio 软件具有很方便的图形化设计能力，适合绘制综合布线系统中的网络拓扑图、布线系统拓扑图、信息点分布图等。

2. 综合布线工程图

综合布线工程图纸一般包括网络拓扑结构图、综合布线系统拓扑图、综合布线管线路由图、楼层信息点平面图和机柜配线架信息点布局图。其中，楼层综合布线管线图和每层平面信息节点分布图可以绘制在同一张图纸上。工程图纸反映了网络拓扑结构图、布线路由、管槽型号和规格、工作区子系统和各楼层信息插座的类型和数量、水平子系统电缆型号和数量、垂直干线子系统电缆的型号和数量、楼层配线架、建筑物配线架、建筑群配线架、光纤互连单元的数量及分布位置。

在设计综合布线系统时应该采用统一的图例，尽可能采用国家通信行业标准《建筑与建筑群综合布线系统工程设计施工图集》（YD 5082—99）中的标准设计图纸。图 8.1~8.6 是四川信息职业技术学院雪峰校区综合布线系统部分图纸。

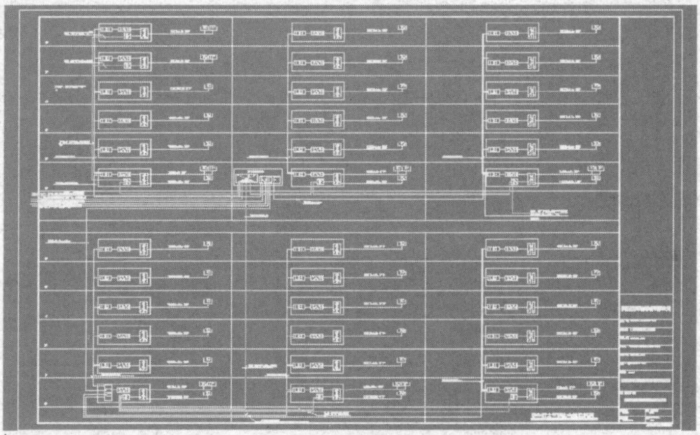

图 8.1 学生宿舍综合布线系统

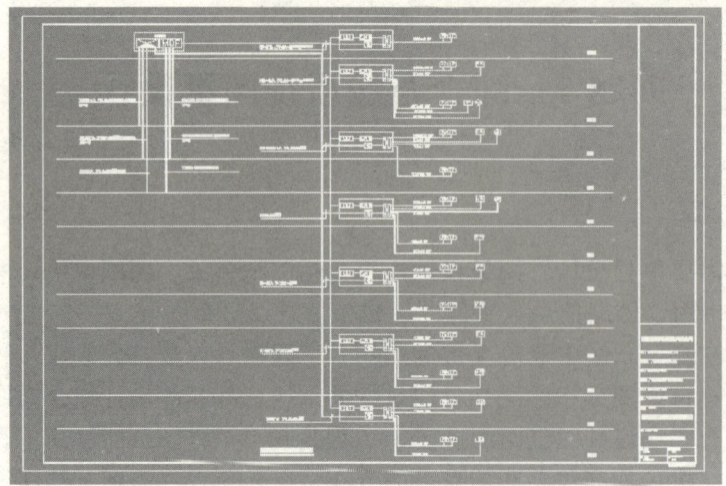

图 8.2 综合楼综合布线系统

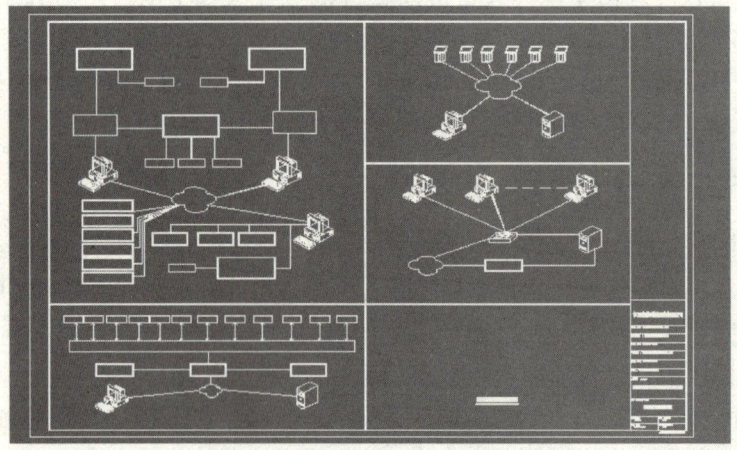

图 8.3 校园信息发布系统

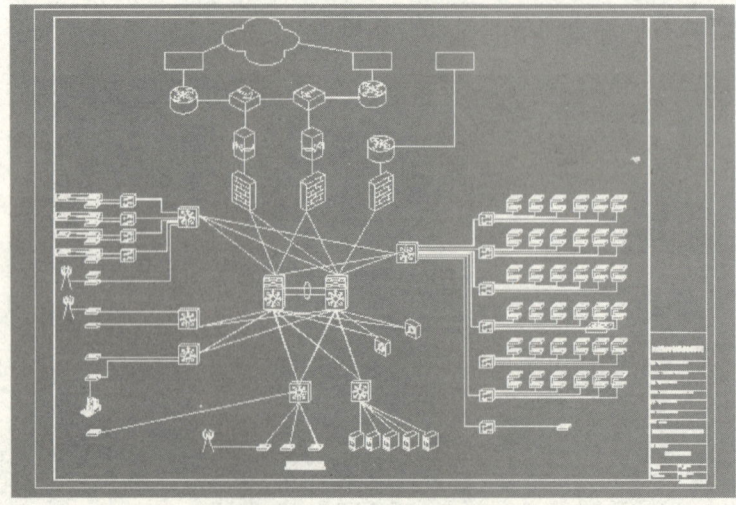

图 8.4 校园网络系统

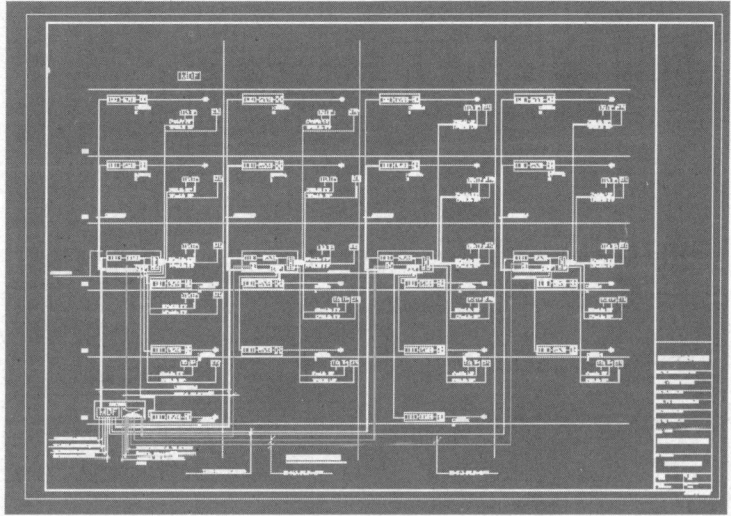

图 8.5　教学楼综合布线系统

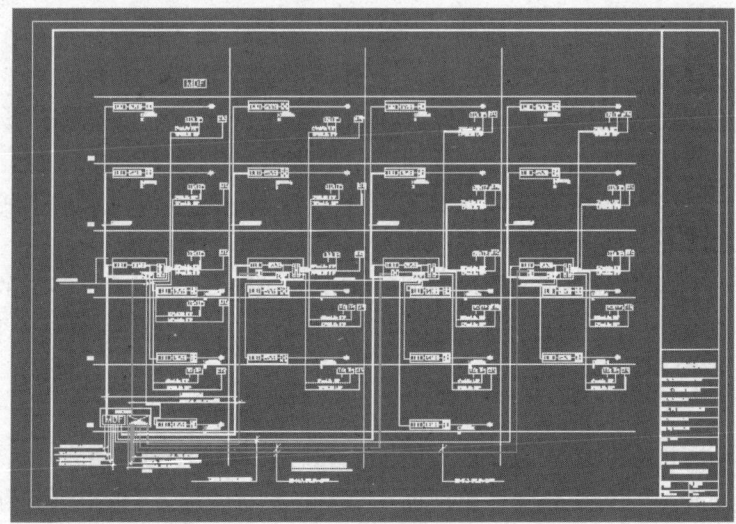

图 8.6　校园主干光纤系统图

职场小贴士：
　　信心来自于成功，知识来自于失败。

问题3：综合布线系统施工

百科知识

通过前面的项目认知和实训，读者已经掌握了基本的综合布线系统知识和技能，下面就进入工程项目实践安装实训。本项目以综合布线工程各个功能分区进行分类。

1）施工前的训练准备

施工之前要做好必需的准备工作，保证施工过程的顺利进行，按照施工的顺序和要求，高质量地完成施工。施工前的准备工作有很多，主要工作包括图纸确认，制定施工方案，施工场所环境准备，施工材料及工具准备。

2）管槽安装

按照综合布线要求，对图纸上的管线进行定位，然后根据各段管线进行长度计算和用料计算。计算时要按照图纸标注长度计算（要注意建筑的实际情况，布线场地的高差，因为这些情况都会对管线所需材料产生影响，所以要在综合布线设计时充分考虑这些情况）。建筑物内的布线尽可能做到"横平竖直"，为了达到"横平竖直"的目标，施工中可考虑弹性定位。根据施工图纸中确定的安装位置，从始端到终端（先垂直干线定位在水平干线定位）找好水平或者垂直线，用墨线袋（或者绳索涂上颜色）沿中心位置弹线。

PVC 槽的安装中需要固定线槽，固定节点的距离一般为 1 m。固定节点的距离也应视具体情况而定，例如较短的 PVC 槽就需要缩短固定点的距离，保证线槽的稳定性。

3）工作区子系统安装

根据工作区的不同情况，底盒的安装有明安装和暗安装两种安装模式。

明安装信息插座底盒的安装高度在离地面 300 mm 左右的地方，可根据实际情况适当调整位置。暗装底盒位置是预留好的，一般不再做调整。

安装明装底盒先要对孔位进行定位，用笔描出来要钻眼的位置，使用电钻在墙上打眼，钻孔，再安装塑料膨胀管，并且把多余的膨胀管用刀削掉，保持膨胀管尾端和墙面水平，需要强调的是，膨胀管的直径和电钻钻头的直径要相差不大。安装好塑料膨胀管后用螺钉把底盒固定在墙面上。

暗装底盒一般是在预留的位置安装信息插座底盒。一般情况下在预留位置会有固定底盒的金属框架，只需要按照要求进行底盒安装就行了。

4）水平子系统安装

水平子系统分为安装管线和线槽布线两种情况。暗装管线一般需要进行线缆的牵引，将线缆固定在一端的拉线端，从管道的另一端牵引拉线就可以将电缆过来，此过程需要多人合作才能够完成。

在墙壁上布线槽是一种常用的线槽安装方法，一般适合短距离和没有预装按线管道的情况。一般先确定好线槽的安装位置，然后统一标注位置，再进行电钻钻眼，安装膨胀管，最后安装线槽。线槽的固定点要根据实际情况进行适当调节，其目的是保证装的线槽牢固。线槽的容量根据线缆的数量确定，一般来说线缆占据线槽容量的 70%。这种安装方式要注意和建筑物的线条平行，在完成布线功能的基础上尽可能地做到整洁、美观。

5）垂直干线子系统安装

一般情况下，在现代的建筑物中每一层都会有专门的供弱点系统使用的弱电井。弱电井一般是综合布线系统中垂直子系统的安装位置。在一些旧的建筑中不存在弱电井，这时需要使用金属线槽来贯穿楼层，达到垂直布线的目的。垂直子系统布线有向下垂直方电缆的方式和向上牵引的方式。在垂直布线过程中会存在线缆的捆扎问题，一般情况下采用 1 m 左右的捆扎距离，捆扎的力度需要松紧合适。

6）设备间/管理间机柜的安装及配线架安装

机柜的安装一般分为常用机柜和壁挂式机柜。常用机柜的安装很简单，只要将机柜放置在已经确定的位置上，然后进行线缆的引入，配线架的安装和打线。壁挂式的机柜需要在安放点标识位置，用电钻钻眼，安装膨胀螺栓，固定机柜。一定要保证机柜的牢固可靠，然后再安装相应的设备。

职场小贴士：
　　如果你不热爱自己正在做的事，你就不会成功。

任务总结

小赵在本节中具体完成了综合布线工程各个子系统的实施，对系统工程中线槽的安装、信息底盒的安装、缆线的铺设及机柜的安装提出了自己的实施心得。

本篇主要内容包括综合布线系统设计和图纸设计，首先介绍了综合布线系统设计包括的内容和框架，然后介绍了综合布线系统设计中的图纸设计内容。通过本章的学习读者应该掌握基本的综合布线系统设计基本方法和内容，能够根据实际情况设计综合布线系统，能够使用 AutoCAD 设计综合布线系统的设计图纸和安装图纸。

任务巩固

（1）结合实训环境，练习线槽的安装。
（2）在实训楼中练习网络底盒的安装。

（3）在实训楼中练习壁挂式机柜的安装。

 **任务测试**

请根据本章所学知识回答本章任务分析中所提到的 3 个问题。

第 9 章　强电工程篇

任务引导

网络综合布线虽然被划分到弱电工程中，但为了使计算机、交换机、路由器等网络设备工作，还需工程师在布置弱电系统的同时对强电知识有所了解，从而为整个网络系统的正常工作提供强有力的强电技术支持。本篇内容是一名强电工程师的多年工作经验的总结，希望学员通过本篇的学习对于强电有所了解。

主人公简介

姓名：老陈
性别：男
年龄：35
职业：强电工程师（自我定位）
职责：按照设计要求负责机房强电引入和布线的工作。
性格：踏实做人，乐于奉献。
目标：做一名全能型的管理者。

本期工程

老陈被公司安排为小强所负责的《×××计算机数据机房系统建设工程》提供强电系统建设指导。老陈接到任务后找到小强，了解了工程的一些具体情况，并根据小强的综合布线设计提供了强电系统的建设方案，为工程的顺利实施提供了保障。
（工程具体信息请参考第 6 章开篇的工程介绍）

任务分析

本期工程中，老陈的具体任务是指导小强设计完成强电部分具体的工程实施，将外部提供的市电合理地引入机房，并做合理的负荷分配。在公司中完成强电系统搭建也是网络实施工程师的职责所在，要求工程师对所需电气材料和使用工具都有清晰的认识，通过工程将这些线缆、器件、设备安装在一起，构成一个统一、完整的综合布线系统。作为指导的老陈认为，新人小强要能够较好地完成这次任务必须对一些低压配电系统知识有清楚认识，小强要学习的知识包括：

（1）什么是低压配电系统？低压配电系统的种类有哪些？

（2）怎样合理选择导线和常用电工工具及仪器仪表的使用？

（3）常用的低压开关电器的工作原理及使用注意事项有哪些？

问题1：低压配电系统

1. 低压配电系统

低压配电系统由配电变电所（通常是将电网的输电电压降为配电电压 380/220 V）、高压配电线路（即 1 000 V 以上电压）、配电变压器、低压配电线路（1 000 V 以下电压）以及相应的控制保护设备组成。

在电力系统中，36 V 以下的电压称为安全电压，1 kV 以下的电压称为低压，直接供电给用户的线路称为配电线路。如用户电压为 380/220 V，则称为低压配电线路，也就是家庭装修中所说的强电。强电一般是指交流电电压在 24 V 以上。

2. 低压配电系统的种类

1）概述

我国 380/220 V 低压配电系统，广泛采用中性点直接接地的运行方式，而且引出有中性线（N），保护线（PE）或保护中性线（PEN）。

中性线（N）的功能：一是用来接用额定电压为系统相电压的单相用电设备；二是用来传导三相系统中的不平衡电流和单相电流；三是减小负荷中性点的电位偏移。

保护线（PE）的功能：用来保障人身安全、防止发生触电事故用的接地线。保护线的具体指标要求为交流配电系统安全地、设备工作地和总配线架防雷地应采用联合接地，且接地电阻不大于 1 Ω。

保护中性线（PEN）的功能：兼有中性线和保护线的功能，这种保护中性线在我国通常叫"零线"。

相线就主要承担各类电气设备工作所需电能的传输，其中 A 相采用黄色线，B 相采用绿色线，C 相采用红色线，蓝色是中性线（零线），黄绿双色为地线。

火线带电，零线、地线不带电。家用单相电为一根火线，一根零线。火线经过负载（如灯泡、家用电器）和零线形成回路。

低压配电系统按接地型式分类，可分 TN 系统、TT 系统和 IT 系统。

2）常见的 TN 低压配电系统

TN 系统又分为 TN-C 系统、TN-S 系统、TN-C-S 系统。根据相关规定，电子计算机机房低压配电系统应采用频率 50 Hz、电压 220/380 V TN-S 或 TN-C-S 系统。TN-S 系统是指整个系统的中性线 N、保护线 PE 是分开的，通常称之为三相五线制系统。这种系统的 N 线和 PE 线是分开的，所有设备的外露可导电部分均与公共 PE 线相连，如图 9.1 所示。这种系统的特点是公共 PE 线在正常情况下没有电流通过，因此不会对接在 PE 线上的其他用电设备产生电磁干扰。此外，由于其 N 线与 PE 线分开，因此 N 线即使断线也并不影响接在 PE 线上的用电设备的安全。该系统多用于环境条件较差，对安全可靠性要求较高及用电设备对抗电磁干扰要求较严的场所。

TN-C-S 系统是指系统中有一部分线路的中性线与保护线合一，另一部分中性线与保护线是分开的供电系统。这种系统前一部分为 TN-C 系统，后一部分为 TN-S 系统（或部分为 TN-S 系统）。它兼有 TN-C 系统和 TN-S 系统的优点，常用于配电系统末端环境条件较差，且要求无电磁干扰的数据处理或具有精密检测装置等设备的场所。

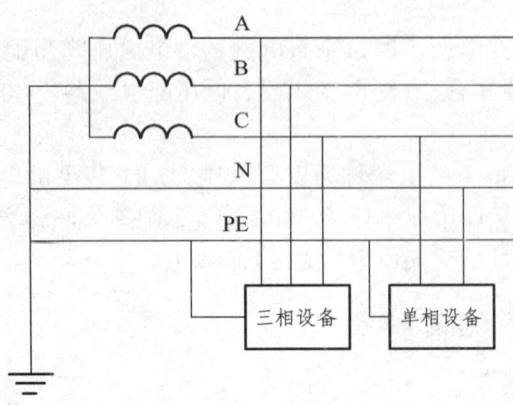

图 9.1　TN-S 系统

职场小贴士：
　　不论你住得多么远，每天早上最少提前 10 分钟到办公室，上班不迟到，少请假。

任务总结

小强通过本节的学习，了解和掌握了低压配电系统及其分类。通过比较得出了各种配电方式的优缺点，最后确定本工程采用 TN-S 系统配电方式。

任务思考

（1）低压配电系统由哪些基本环节组成？
（2）低压配电系统常见的种类有哪些？试阐述它们的优缺点及适用场合。

问题2：合理选择导线及电工工具仪器

1. 导电材料类型及选择

1）导电材料的类型

低压常用导电材料具有良好的导电性能、足够的机械强度、耐氧化、耐腐蚀，容易加工和焊接等特征，应用最多的则是电线和电缆。

电线和电缆按所用的金属材料来分，可分为铜线、铝线、钢芯铝线、钢线、镀锌铁线等。按金属性质来分，可分为硬线和软线两种。硬线未经退火处理，抗拉强度大；软线经过退火处理，抗拉强度较小。按导线截面的形状来分，电线和电缆可分为圆线和型线两种。

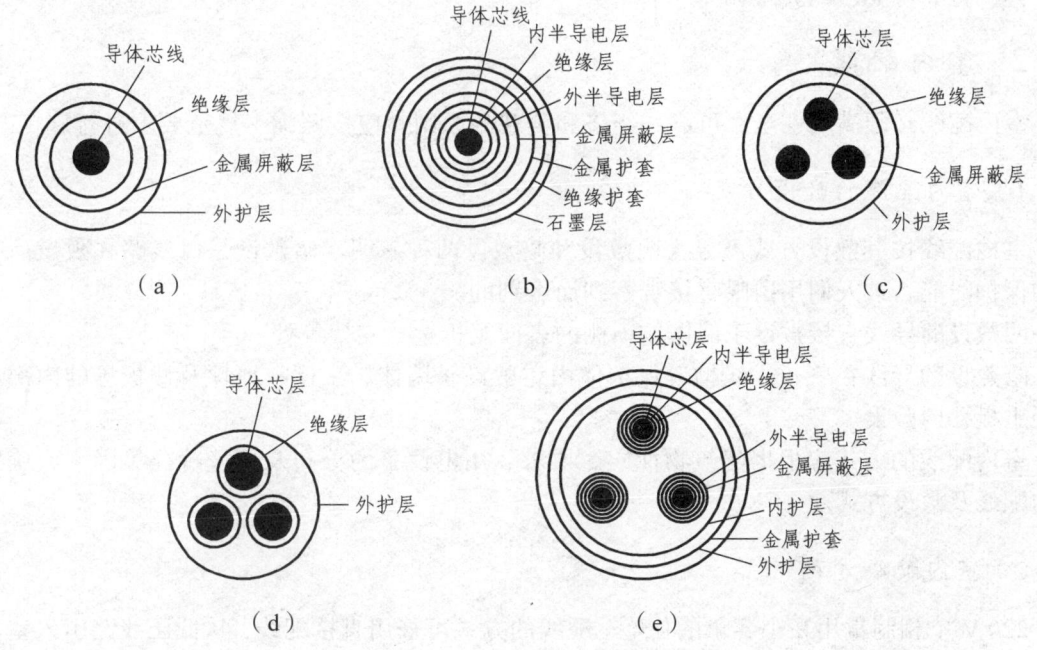

图 9.2 电缆结构示意图

2）导线的选择

导体类型的选择应按敷设方式及环境条件选择，应符合工作电压的要求。在本工程中选用带绝缘层的铜导线（BV）和交联聚乙烯绝缘聚氯乙烯护套（YJV）的电力电缆。

选择导体截面应符合下列要求：线路电压损失应满足用电设备正常工作及启动时端电压的要求；按敷设方式及环境条件确定的导体载流量，不应小于计算电流；导体应满足动稳定与热稳定的要求；导体最小截面应满足机械强度的要求，固定敷设的导线最小芯线截面应符合下表的规定。固定敷设的导线最小芯线截面的选择应符合《低压配电设计规范 GB 50054—95》表中的规定。当相线截面积小于 16 mm² 时，保护线截面积应不小于相线截面积；当相线截面积不大于 35 mm² 且大于 16 mm² 时，保护线截面积应不小于 16 mm²；当相线截面积大于 35 mm² 时，保护线截面积应不小于相线截面积的一半。在三相四线制配电系统中，中性线 N 的允许载流量不应小于线路中最大不平衡负荷电流，同时应考虑谐波电流的影响。一般三相线路的中性线截面应不小于相线截面的 50%。由于三相线路引出的两相三线线路和单相线路，其中性线电流与相线电流相等，因此它们中性线与相线截面相同。对于三次谐波较大的三相四线制电路及三相负荷很不平衡的线路，中性线的截面宜等于或大于相线的截面。

当在实际工程设计中，通常用导线和电缆的允许载流量 I_{al} 不小于通过相线的计算电流 I_{30} 来校验其发热备件，即 $I_{al} \geqslant I_{30}$。导线的允许载流量是指在规定的环境温度条件下，导线或电缆能够连续承受而不致使其稳定温度超过允许值的最大电流。导线的允许载流量可以根据材质和敷设情况查表可得其估计值。计算电流也可以先估算出总的负荷容量（近似等于各设备功率数之和），再根据公式 $P = \sqrt{3}UI\cos\varphi$（其中，$U$ 取 380 V，功率因数近似取 0.85）近似计算出来。

注：一般绝缘导线的额定截面积（mm²）有 1.5、2.5、4、6、10、16、25、35、50、70、95、120、150 等。一般电力电缆的额定截面积（mm²）有 2.5、4、6、10、16、25、35、50、70、95、120、150、185、240 等。

2. 室内配线

室内配线必须满足安全、可靠、经济和美观的原则，应按照施工规范要求进行施工。

1）室内配线的敷设方式

室内配线按其敷设方式可分为明敷设和暗敷设两种。明、暗敷设是以线路在敷设后，导线和保护线能否被人们用肉眼直接观察到而区别的。

明敷设的导线直接敷设于墙体、顶棚的表面及析架、支架等处。

暗敷设的导线在管子、线槽等保护体内，敷设于墙体、顶棚、地坪及楼板等的内部或在混凝土板孔内敷设。

室内配线的方式应根据建筑物性质、要求、用电设备的分布及环境特征等因素，确定合理的配线及敷设方式。

2）室内配线方式

220 V 单相制常用在小容量的住宅。配线的方式可采用直接配线，从低压线路引入室内配电箱，然后从配电箱处配电。箱内可设电能表、开关（也可几个回路）。

对大容量负荷的建筑物，如机关办公楼、学校、宿舍、厂房、宾馆等，由于负荷容量较大，无法保证供电系统负荷平衡，因此应采用 380/220 V 三相五线制。由于家用电器的大量使用，在家用电器上都安装了漏电保护，原有的三相四线供电方式已不能满足安全上的需要，因此现已采用 380/220 V 三相五线制。

3）管　材

室内配线的管材一般有金属管和塑料管。配线工程中常使用的钢管有厚壁钢管、薄壁钢管、金属波纹钢管和普利卡套管 4 类。厚壁钢管又称为焊接钢管和低压流体输送钢管（水煤气管），有镀锌和不镀锌之分。薄壁钢管又称为电线管。在工程图中标注的代号，焊接钢管为

SC，薄壁钢管为 MT。

建筑电气工程中常用的塑料管有硬质塑料管、半硬质塑料管和软塑料管。配线常用的电线保护管多为 PVC 塑料管（PVC 是聚氯乙烯的代号）。

4）注意事项

主机房内应分别设置维修和测试用电源插座，两者应有明显区别标志。测试用电源插座应由计算机主机电源系统供电，其他房间内应适当设置维修用电源插座。主机房内活动地板下部的低压配电线路宜采用铜芯屏蔽导线或铜芯屏蔽电缆。活动地板下部的电源线应尽可能远离计算机信号线，并避免并排敷设。当不能避免时，应采取相应的屏蔽措施。机房照明线路宜穿钢管暗敷或在吊顶内穿钢管明敷。

3．常用电工工具

1）低压验电器的结构及握法

低压验电器的结构及握法如图 9.3 和图 9.4 所示。

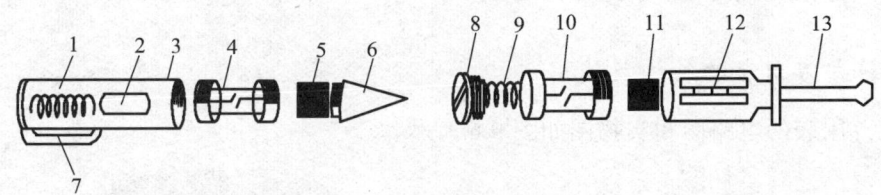

图 9.3 低压验电器结构示意图

1、9—弹簧；2、12—观察孔；3—笔身；4、10—氖管；5、11—电阻；6—笔尖探头
7—金属笔挂；8—金属螺钉；13—刀体探头

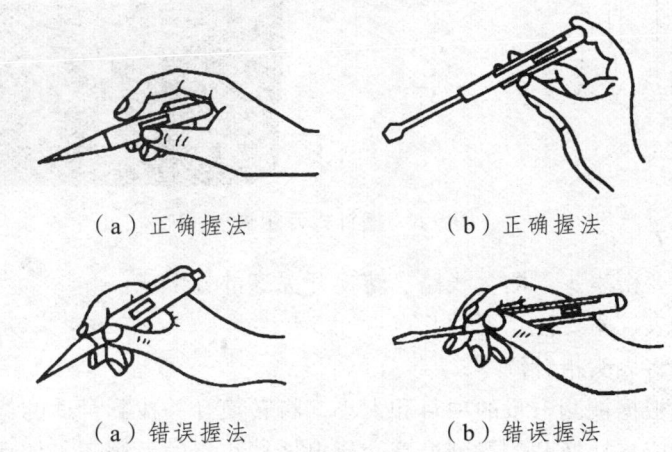

（a）正确握法　　　　　（b）正确握法

（a）错误握法　　　　　（b）错误握法

图 9.4 低压验电器的握法

2）剥线钳的结构及规格

剥线钳的结构如图 9.5 所示。

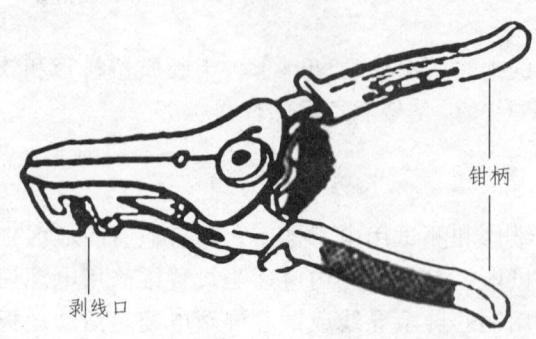

图 9.5 剥线钳

剥线钳的规格可分为如下两种：

（1）140 mm——适用于铝、铜线，直径为 0.6 mm、1.2 mm 和 1.7 mm；

（2）180 mm——适用于铝、铜线，直径为 0.6 mm、1.2 mm、1.7 mm 和 2.2 mm。

使用剥线钳时，将要剥除的绝缘长度用标尺定好后，即可把导线放入相应的刃口中（比导线直径稍大），用手将钳柄一握，导线的绝缘层即被割破而自动弹出。

4．常用仪器仪表的结构及使用

1）指针式万用表的结构及使用

指针式万用表的电路图和实物图如图 9.6 所示。

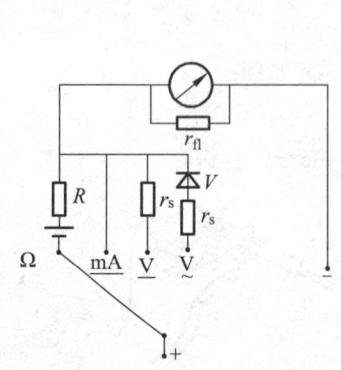

图 9.6 指针式万用表

指针式万用表主要由表头、测量线路、转换开关三部分组成。

使用指针式万用表，主要注意下面几点：

（1）使用前，应将表头指针调零；

（2）测量前，应根据被测电量的项目和大小，将转换开关拨到合适的位置；

（3）测量完毕，应将转换开关拨到最高交流电压挡，有的万用表（如 500 型）应将转换开关拨到标有"．"的空挡位置。

2）数字式万用表的结构及使用

常用数字式万用表如图 9.7 所示。

 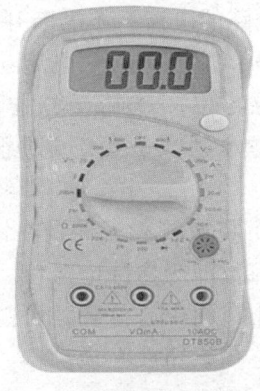 

图 9.7　数字式万用表

（1）直流电压、交流电压的测量。

先将黑表笔插入 COM 插孔，红表笔插入 V/Ω 插孔，然后将功能开关置于 DCV（直流）或 ACV（交流）量程，并将测试表笔连接到被测源两端，显示器将显示被测电压值。

如果显示器只显示"1"，表示超量程，应将功能开关置于更高的量程（下同）。

（2）直流电流、交流电流的测量。

先将黑表笔插入 COM 插孔，红表笔需视被测电流的大小而定。如果被测电流最大为 2 A，应将红表笔插入 A 孔；如果被测电流最大为 20 A，应将红表笔插入 20 A 插孔。再将功能开关置于 DCA 或 ACA 量程，将测试表笔串联接入被测电路，显示器即显示被测电流值。

（3）电阻的测量。

（4）先将黑表笔插入 COM 插孔，红表笔插入 V/Ω 插孔（注意：红表笔极性此时为"＋"，与指针式万用表相反），然后将功能开关置于 OHM 量程，将两表笔连接到被测电路上，显示器将显示出被测电阻值。

（5）带声响的通断测试。

先将黑表笔插入 COM 插孔，红表笔插入 V/Ω 插孔，然后将功能开关置于通断测试挡（与二极管测试量程相同），将测试表笔连接到被测导体两端。如果表笔之间的阻值低于约 30 Ω，蜂鸣器会发出声音。

3）钳形电流表（见图 9.8）

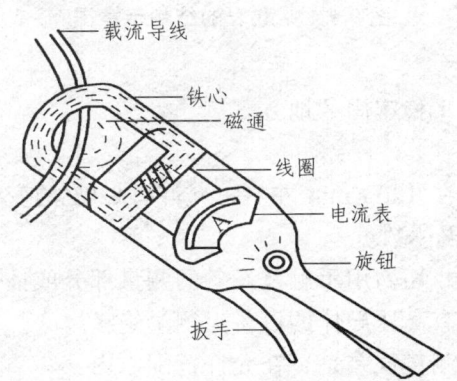

图 9.8　钳形电流表的结构示意图

用钳形电流表可直接测量交流电路的电流，不需断开电路。钳形电流表测量部分主要由一只电磁式电流表和穿心式电流互感器组成。穿心式电流互感器铁心做成活动开口，且成钳形。

（1）测量前，应检查指针是否在零位，否则，应进行机械调零。

（2）测量时，量程选择旋钮应置于适当位置，以便测量时指针处于刻度盘中间区域，减少测量误差。

（3）如果被测电路电流太小，可将被测载流导线在钳口部分的铁心上缠绕几圈再测量，然后将读数除以穿入钳口内导线的根数即为实际电流值。

（4）测量时，将被测导线置于钳口内中心位置，可减小测量误差。

（5）钳形表用完后，应将量程选择旋钮放至最高档。

4）兆欧表

兆欧表是一种测量电器设备及电路绝缘电阻的仪表。兆欧表主要包括三个部分：手摇直流发电机（或交流发电机加整流器）、磁电式流比计、接线桩（L、E、G），如图9.9所示。

（1）兆欧表的使用注意事项：

① 测量前应检查兆欧表是否正常。

② 测量前应检查被测电气设备和电路，看是否已切断电源。

③ 测量前应对设备和线路进行放电，减少测量误差。

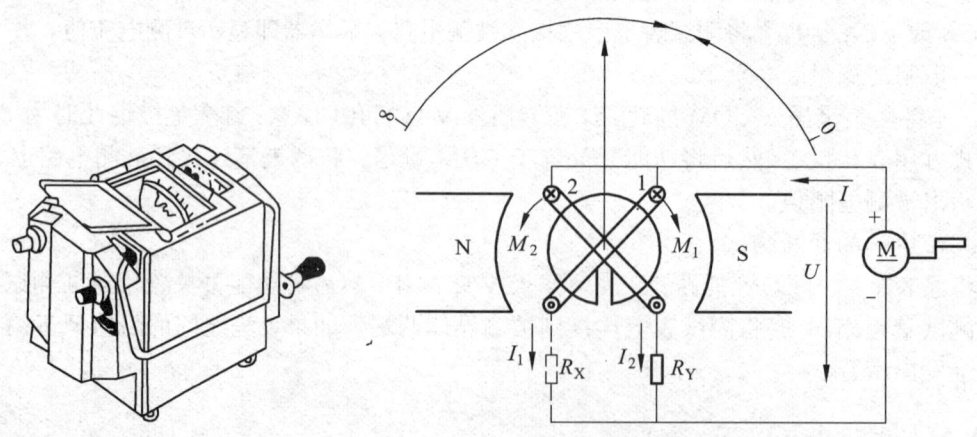

图9.9 兆欧表的结构示意图

（2）兆欧表的使用方法：

① 将兆欧表水平放置在平稳牢固的地方。

② 正确连接线路。

③ 摇动手柄，转速控制在 120 r/min 左右，允许有±20%的变化，但不得超过 25%。摇动一分钟后，待指针稳定下来再读数。

④ 兆欧表未停止转动前，切勿用手触及设备的测量部分或摇表接线桩。

⑤ 禁止在雷电时或附近有高压导体的设备上测量绝缘。

⑥ 应定期校验，检查其测量误差是否在允许范围以内。

选用兆欧表主要考虑其输出电压及测量范围，如表9.1所示。

表 9.1　兆欧表输出电压及测量范围表

被测对象	被测设备或线路额定电压（V）	选用的遥表（V）
线圈的绝缘电阻	500 以下	500
	500 以上	1 000
电机绕组绝缘电阻	500 以下	1 000
变压器、电机绕组绝缘电阻	500 以上	1 000 ~ 2 500
电器设备和电路绝缘	500 以下	500 ~ 1 000
	500 以上	2 500 ~ 5 000

生活小百科：1 000 W 的电器需要选购几平方的电线？

1 000 W 表示电器功率，功率的计算公式是 $P=UI$，而要回答此问题，首先要计算一下电流，即如果是 220 V 电源，则 $I=P/U=1\,000/220≈5\,A$。通常情况下，一个平方的载流量约 5 A，那么此处 1 个平方的线就够用。当然前提是国标铜电缆，如果是铝线，最起码要 1.5 平方的线。

职场小贴士：
　　当你走上不一样的路，你才能看到和别人不一样的风景。

 **任务总结**

小强通过本节内容的学习，明白了导线选择原则和一些基本工具及仪器仪表的使用方法，并能依据本工程的施工要求及所要达到的目标，选取正确的电工工具及测量仪表。本工程的估算负荷量为 50 kW，计算电流大约为 90 A，因此结合线缆的安全载流量及敷设方式查表确定本工程采用交联聚乙烯绝缘护套电力电缆（YJV）或 YQ 轻型橡套电缆，规格为 3×25+2×16 的五芯电缆引入外部低压电源 380/220 V 进 UPS 室，再分别进入动力配电柜和 UPS。然后，根据负荷情况分成若干路。通过对计算电流的估算选用合适的线缆。（注：空调线缆选用 2×6+1×2.5 的线缆）在线缆的选择中除了要根据其安全载流量要与计算负荷相匹配外，也要考虑适当留有余量。在条件允许的情况下，宁愿选大一级的线缆，不要选小一级的。

 **任务巩固**

（1）练习使用验电器，正确判断火线和零线。
（2）利用万用表测试电源相间及相与零线间电压的值。
（3）明敷穿管布线练习。

问题 3：常用的低压开关电器

1．低压断路器

1）概　述

低压断路器又叫自动空气开关，可简称断路器，是低压配电网络和电力拖动系统中常用的一种配电电器。它集控制和多种保护功能于一体，在正常情况下可用于不频繁的接通和断开电路以及控制电动机的运行。

低压断路器具有操作安全、安装使用方便、动作值可调、分断能力较强、兼顾多种保护、动作后不需要更换元件等优点，因此得到广泛应用。常用的型号有 DZ5 系列和 DZ10 系列等。低压断路器还可分为 D 系列和 C 系列，D 系列不带漏电保护，C 系列带漏电保护。

2）低压断路器的工作原理

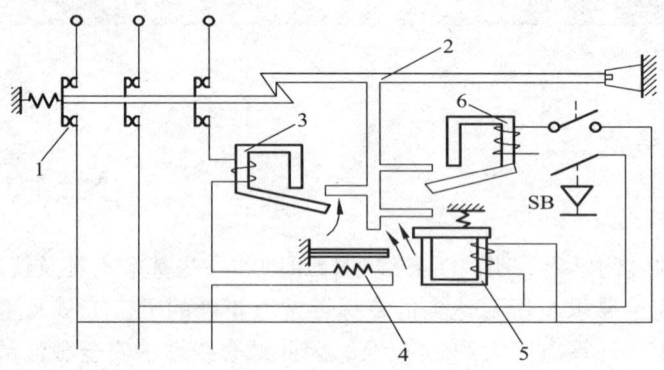

图 9.10　低压断路器工作原理示意图

1—主触点；2—自由脱扣机构；3—过电流脱扣器；4—热脱扣器；5—欠电压脱扣器；6—分励脱扣器

3）低压断路器的主要技术参数

（1）额定电压

断路器的额定工作电压在数值上取决于电网的额定电压等级，我国电网标准规定为 AC 220、380、660 及 1 140 V，DC 220、440 V 等。应该指出，同一断路器可以规定在几种额定工作电压下使用，但相应的通断能力并不相同。

（2）额定电流

断路器的额定电流就是过电流脱扣器的额定电流，一般是指断路器的额定持续电流。

（3）通断能力

开关电器在规定的条件下（电压、频率及交流电路的功率因数和直流电路的时间常数），能在给定的电压下接通和分断的最大电流值，也称为额定短路通断能力。

（4）分断时间

分断时间指切断故障电流所需的时间，它包括固有的断开时间和燃弧时间。

4）低压断路器的常见故障及处理方法

低压断路器的常见故障及处理方法如表9.2所示。

表9.2 断路器的常见故障及处理方法

故障现象	故障原因	处理方法
不能合闸	（1）欠压脱扣器无电压或线圈损坏 （2）储能弹簧损坏 （3）反作用弹簧力过大 （4）机构不能复拉再扣	（1）检查施加电压或更换线圈 （2）重新调整 （3）调整再扣接触面至规定值
电流达到整定值、断路器不动作	（1）热脱扣器双金属片损坏 （2）电磁脱扣器的衔铁与铁芯太大或电磁线圈损坏 （3）主触头熔焊	（1）更换双金属片 （2）调整衔铁与铁芯的距离或更换断路器 （3）检查原因并更换主触头
启动电动机时断路器立即分断	（1）电磁脱扣器瞬时整定值过小电磁脱扣器某些零件损坏	（1）调高整定值至规定值更换脱扣器
断路器闭合后经一段时间自行分断	（1）热脱扣器整定值过小	（1）调高整定值至规定值
断路器温升过高	（1）触头压力过小 （2）触头表面过头磨损或接触不良 （3）两个导电零件连接螺钉松动	（1）调整触头压力，或更换弹簧 （2）更换触头或修整接触面 （3）重新拧紧

2．漏电保护器

1）漏电保护器的种类

漏电保护器可以按其保护功能、结构特征、安装方式、运行方式、极数和线数、动作灵敏度等分类。主要按其保护功能和用途分类进行叙述，一般可分为漏电保护继电器、漏电保护开关和漏电保护插座三种。

漏电保护继电器是指具有对漏电流检测和判断的功能，而不具有切断和接通主回路功能的漏电保护装置。漏电保护继电器由零序互感器、脱扣器和输出信号的辅助接点组成。它可与大电流的自动开关配合，作为低压电网的总保护或主干路的漏电、接地或绝缘监视保护。

漏电保护开关是指不仅它与其他断路器一样可将主电路接通或断开，而且具有对漏电流检测和判断的功能。当主回路中发生漏电或绝缘破坏时，漏电保护开关可根据判断结果将主电路接通或断开的开关元件。它与熔断器、热继电器配合可构成功能完善的低压开关元件。

漏电保护插座是指具有对漏电流检测和判断并能切断回路的电源插座。其额定电流一般为20 A以下，漏电动作电流6~30 mA，灵敏度较高，常用于手持式电动工具和移动式电气设备的保护及家庭、学校等民用场所。

2）漏电保护器的特点

漏电保护器的特点主要有以下两方面：

一是电网确有接地时，漏电保护器正常动作。在这种正常动作中，因电网老化、气候环境变化，电网产生接地点引起的动作占绝大多数，而因人身触电引起的动作则是极少数。可以想象，能够正常用电是人们的第一需求，为了防止发生概率极低的人身触电伤害而招致频繁的停电，影响正常生产和生活当然会造成人们的烦恼。

二是电网本来没有发生接地，而是漏电保护器在以下情况下可能产生误动：

（1）由于漏电保护器是信号触发动作的，那么在其他电磁干扰下也会产生信号触发漏电保护器动作，形成误动。

（2）当电源开关合闸送电时，会产生冲击信号造成漏电保护器误动。

（3）多分支漏电之和可以造成越级误动。

（4）中性线重复接地可能造成串流误动。

可见，由于漏电保护器在技术上就存在这些产生误动的可能性，会使漏电保护器的频动问题更加严重，更加复杂。

3）使用注意事项

漏电保护器适用于电源中性点直接接地或经过电阻、电抗接地的低压配电系统。对于电源中性点不接地的系统，则不宜采用漏电保护器。显而易见，安装漏电保护器必须具备接地装置的条件。电气设备发生漏电时，且漏电电流达到动作电流时，就能在 0.1 s 内立即跳闸，切断了电源主回路。

漏电保护器保护线路的工作中性线（N）要通过零序电流互感器。否则，在接通后，就会有一个不平衡电流使漏电保护器产生误动作。

接零保护线（PE）不准通过零序电流互感器。因为保护线路（PE）通过零序电流互感器时，漏电电流经 PE 保护线又回穿过零序电流互感器，导致电流抵消，而互感器上检测不出漏电电流值，在出现故障时，造成漏电保护器不动作，起不到保护作用。

控制回路的工作中性线不能进行重复接地。一方面，重复接地时，在正常工作情况下，工作电流的一部分经由重复接地回到电源中性点，在电流互感器中会出现不平衡电流。当不平衡电流达到一定值时，漏电保护器便产生误动作；另一方面，因故障漏电时，保护线上的漏电电流也可能穿过电流互感器的个性线回到电源中性点，抵消了互感器的漏电电流，而使保护器拒绝动作。

漏电保护器后面的工作中性线（N）与保护线（PE）不能合并为一体。如果二者合并为一体时，当出现漏电故障或人体触电时，漏电电流经由电流互感器回流，结果造成漏电保护器拒绝动作。

被保护的用电设备与漏电保护器之间的各线互相不能碰接。另外，被保护的用电设备只能并联安装在漏电保护器之后，接线保证正确，不能将用电设备接在实验按钮的接线处。

3．常用插座、插头及开关的安装

1）底　盒

底盒用于电线电路与开关、插座面板的衔接及灯具线路与灯具之间的衔接。分为暗装用的底盒和明装用的 PVC 底盒。常见的暗装底盒有墙面插座用的 86 mm×86 mm×50 mm 铁方盒，地面插座用的 100 mm×100 mm×70 mm 铁方盒，侧面预留有金属管安装用的孔，正面有安装面板用的螺丝孔。明装底盒有屏风插座用的 86 mm×86 mm×25 mm PVC 方盒、100 mm×100 mm×50 mm PVC 明装墙面底盒。

2）插座及开关安装方法

（1）墙面暗装：86 铁方盒嵌入墙内，只有面板高出墙面；

（2）墙面明装：明装盒凸出安装在墙面上，开关及插座面板安装在明装盒上，配合明装线槽用；

（3）屏风暗装：只允许在屏风走线槽内布护套线及安装底盒、插座面板；

（4）地面暗装：铁方盒嵌入地面，安装金属防水地面插座。

3）开关种类

灯具开关分为单联开关、双联开关、三联开关、四联开关。灯具开关为有锁开关，背景音乐开关为无极旋钮开关，门禁开关、门铃按钮为无锁开关。

4）开关安装方法

灯具开关安装于距离地面 1.4 m 的高度，办公室门禁开关分别安装于室内门旁距离地面 1.4 m 的位置及接待台上。

5）地面插座

金属防水地插，可开启和封闭插座盒，封闭时通过橡胶密封圈达到防水功能，根据需要安装强电插座模块或弱电的语音模块、数据模块及电视插座模块。

6）墙面电源插座

常规电源插座安装于距离地面 300 mm 的高度。分体式空调和一体式顶面空调、无线网发射器的电源插座安装于距离顶面约 300 mm 的高度，卫生间及厨房使用带防水罩的插座安装于距离地面 1.4 m 的高度或根据业主要求确定安装高度。

7）语音/数据插座

墙面信息面板为 1~4 口面板，地插通常为 2 口或 4 口，语音模块和数据模块根据实际需求配置安装。

注意：插座及插头接错线是很危险的。对于插座我们一般遵循左零右火的原则，单相两孔式插座的左极接 N 线（零线），右极接 L 线（火线）；单相三孔式插座的左极接 N 线，右极接 L 线，中间极接 E 线（保护地线）；三相四孔式插座的左极接 L3 线（火线 3），右极接 L1 线（火线 1），上极接 E 线，下极接 L2 线（火线 2）。插头的接线是要跟插座接线严格的一一对应，即插头中的相线对插座中的相线，插头中的零线对插座中的零线，插头中的地线对插座中的地线。绝对不能对应错了，否则会非常危险的。

职场小贴士：
　　天空没有飞过的痕迹，但我们依然努力燃烧。

 **任务总结**

小强通过本节内容的学习,理解了常用低压开关电器的工作原理及使用注意事项,对在各种情况下断路器的选择和使用有了很大的信心。电气柜的总电源开关选用 DZ20G-225,额定电压 380 V,额定电流为 160 A 的带漏电保护的低压断路器。总电源在电气柜中分成若干路,按照低压断路器的选择原则确定各路所需断路器的型号。选普通型 10 A 五孔带开关的插座若干,空调插座最好选用 16 A 专用空调插座。

 **任务思考**

(1)低压开关电器有哪些种类,它们的工作原理是怎样的?
(2)漏电保护器的使用注意事项有哪些?

 **任务测试**

请根据本章所学知识回答本章任务分析中所提到的 3 个问题。
_____
_____

参考文献

[1] 李强. 综合布线系统与施工技术[M]. 大连：东软电子出版社，2013.
[2] 王公儒. 网络综合布线系统工程技术实训教材[M]. 北京：机械工业出版社，2009.
[3] 王公儒. 综合布线实训指导书[M]. 北京：机械工业出版社，2012.
[4] 禹禄君. 综合布线技术项目教材[M]. 北京：电子工业出版社，2011.
[5] 刘省贤. 综合布线技术教程与实训[M]. 北京：北京大学出版社，2009.
[6] 王先国. 网络综合布线与施工实践教材[M]. 武汉：武汉理工大学出版社，2010.
[7] 康瑞峰. 网络工程与综合布线实用教程[M]. 南京：东南大学出版社，2008.
[8] 刘化君. 综合布线系统[M]. 北京：电子工业出版社，2008.
[9] 张文炳. 网络布线技术与实训[M]. 北京：研究出版社，2008.
[10] 岳经伟. 网络布线技术与施工[M]. 北京：水利水电出版社，2005.
[11] 来宾. 综合布线与网络工程[M]. 北京：冶金工业出版社，2003.
[12] 朱立彤. 综合布线系统[M]. 北京：中国建筑工业出版社，2003.
[13] 徐伟. 网络综合布线系统与施工技术[M]. 北京：国防工业出版社，2002.